U0306517

湖北水稻

生产转型研究

夏贤格　张枝盛　汪本福　等　著

中国农业科学技术出版社

图书在版编目（CIP）数据

湖北水稻生产转型研究 / 夏贤格等著 . -- 北京：中国农业科学技术出版社，2023.9

ISBN 978-7-5116-6376-4

Ⅰ . ①湖…　Ⅱ . ①夏…　Ⅲ . ①水稻栽培－研究－湖北　Ⅳ . ① S511

中国国家版本馆 CIP 数据核字（2023）第 136835 号

责任编辑　张国锋
责任校对　贾若妍　李向荣
责任印制　姜义伟　王思文

出 版 者　中国农业科学技术出版社
北京市中关村南大街 12 号　　邮编：100081
电　　话　（010）82109705（编辑室）（010）82109702（发行部）
（010）82109709（读者服务部）
网　　址　https://castp.caas.cn
经 销 者　各地新华书店
印 刷 者　北京富泰印刷有限责任公司
开　　本　170 mm × 240 mm　1/16
印　　张　11.5
字　　数　164 千字
版　　次　2023 年 9 月第 1 版　2023 年 9 月第 1 次印刷
定　　价　80.00 元

《湖北水稻生产转型研究》著者名单

夏贤格　张枝盛　汪本福　程建平　张运波
王　飞　江　洋　王林松　王红波　曹　鹏
李　阳　杨晓龙　张作林

前言

历史走到了公元二〇二二年。

这一年，荆楚大地的秋天来得很晚，因为夏天未能及时退场。一阵热浪接着一阵热浪，伴随着长时间干旱，持续了一夏又一秋。湖北水稻生产经受了异常气候的严峻考验。

湖北水稻生产五千多年的历史，正是经历一次又一次的风风雨雨，面临一个又一个挑战而走过来的。随着经济社会发展和科技进步，人们战胜一个个挑战，推动水稻生产水平不断提升，从一个阶段演变到另一个阶段。

如今，湖北已成为长江流域典型的稻作区，也是我国水稻的重要产区。全省水稻种植面积 3 500 万亩*，总产量约 1 900 万 t，面积和总产量分别位居全国第 5 位、第 6 位，为保障国家粮食安全作出了重要贡献。

湖北地处我国南北气候过渡带，水稻种植模式多种多样，单季稻、双季稻混作，早、中、晚稻兼有，稻麦、稻油、稻虾、再生稻等模式并存；籼、粳（粘、糯）稻品种无一不全。湖北也是双季稻生产的最北缘，双季稻生产季节紧，单季稻光温资源利用不充分，热害、冷害、干旱和涝渍等自然灾害频发，且时常发生多种灾害叠加，影响水稻产能的提升。

进入 21 世纪，湖北水稻生产随着经济快速发展、社会全面进步，以

---

* 1 亩≈667m^2。

及科学技术水平的提高，正在发生前所未有的深刻变化。我们试图利用系统分析法、矛盾分析法、生产力要素分析法，从纵、横两个维度，考察湖北水稻生产演变过程，认识其发展规律。

不难看出，水稻生产体现的是人与水稻的关系。水稻生产变化的本质是人与水稻生产关系的调整，它包括水稻自然再生产过程的变化和经济再生产的变化。在水稻生产进步过程中，人们一般追求4个方面的变化：一是优化劳动工具，降低劳动强度，减少人工投入；二是提高生产要素利用率，尽量减少物质消耗，降低生产外部的污染；三是不断优化生产要素配置，提高产出率；四是耦合水稻自然再生产和经济再生产过程，协调稻作内在系统和外在系统的和谐，实现可持续发展。当人与水稻生产的关系调整到一定程度，带来水稻生产的劳动工具、生产组织方式、生产技术、产业形态、产业功能发生根本性变化，意味着水稻生产从一个阶段转型到另一个阶段。水稻生产转型是水稻生产变化到一定阶段的特殊表现形式，也是农业现代化的必然要求。

从有限的历史文献资料中，我们隐隐约约可以看到，湖北水稻生产经历了多次转型，从采集、半栽培阶段到刀耕火种阶段、原始水作阶段，再到精耕细作阶段，现正迈向新的更高阶段。

这一新的更高阶段正在进行之中。水稻生产内部，由于农村劳动力减少，用工难，再加上生产投入产出比较低，要求轻简化、节本增效，成为水稻生产需要解决的突出问题。水稻生产外部，资源环境的约束，要求降低资源消耗，减少环境污染，增强生态服务功能。除了水稻生产端的变化外，水稻消费端也出现了一些新情况，人们的消费需求不仅是为了吃饱，还要吃好，吃得安全，并且功能性需求呈现多样化。这些新的变化，对传统的精耕细作提出了挑战，迫使水稻生产不得不朝着轻简化、机械化、规模化生产转型。

转型带来机遇和挑战。主动转型，就是生产技术的升级，就会促进生产进步；被动转型，就会阻碍生产，甚至造成生产倒退。认识转型、适应转型、主动转型，是现阶段湖北水稻生产必须面对而正确的选择。应该重新构建适应水稻生产转型的生产技术体系。

从湖北水稻生产的现状来看，水稻生产技术不断进步，全程机械化普及率逐步提高，农机农艺日益融合，新型经营主体日渐壮大。这些都为水稻生产转型创造了极为有利的条件。

从湖北稻农的生产行为来看，为适应新变化，已主动开启转型之路，作了一些有益的探索。水稻的生产目标开始从增产增效向丰产提质增效转变；生产方式开始从粗放式生产向绿色高质量发展转变；栽培管理开始从精耕细作向轻简化、机械化、规模化生产转变；组织形式开始从分散小农生产向市场组织化、适度规模化、服务社会化转变。

同时，在水稻生产形态上，从人力种田到利用机械种田，用工业理念组织水稻生产，从单纯水稻生产走向一二三产业融合；在水稻生产功能上，由单一食品功能向食品、保健、生态等多功能转变。除此之外，水稻转型的特征也越来越明显，生产目标开始多元化、生产方式趋向绿色化、生产过程追求轻简化、生产管理逐渐系统化。

本书依托“十三五”国家重点研发计划粮食丰产增效科技创新专项“湖北单双季稻混作区周年机械化丰产增效技术集成与示范（2018YFD0301300）”项目，针对湖北省水稻生产存在的问题，从湖北省水稻生产的演变入手，结合现阶段湖北省水稻生产的变化，分析了正在发生的湖北省水稻生产转型。同时从劳动力、劳动工具、生产技术、生态环境、市场需求等方面阐明了湖北省水稻转型的成因和驱动力，从发展目标、发展方式、生产过程、生产管理等方面分析了水稻转型的特征，并从水稻产能提升、水稻育种、水稻“籼改粳”、水稻全程机械化、水稻生产模式创新、水稻生产技术创新等方面，提出了湖北省水稻生产转型的应对措施和政策建议。

基于长期水稻生产科研和对湖北水稻生产的考察分析，力图回答湖北省水稻生产转型过程中迫切需要解决的几个方面问题：一是湖北省水稻生产的路子怎么走？在单、双季稻多种模式并存，籼、粳稻品种多样化的湖北，品种、种植模式、种植技术如何适应转型？水稻产能的提升方向在哪里？二是湖北省水稻生产的投入形式如何转变，过去精耕细作生产不能适应现阶段水稻生产转型要求的情况下，湖北省水稻的轻简化、机械化和规模化水平如何提升，资源节约、环境友好的生产方式如何实现？三是水稻生产除了提供口粮食物之外，其改善环境、维持生物多样性等生态功能，以及观光旅游、文化教育等社会功能如何发挥？四是在水稻转型的关键时期，湖北省的水稻种植制度和管理制度如何创新？

本书汇集了作者近些年来相关领域的研究成果，参考了国内外的相关论著和文献，分析了湖北水稻生产转型中的一些问题，提出了推进湖北水稻生产转型的一些思路和措施。由于作者水平有限，难免出现一些纰漏和错误，有些观点只是提出来供大家讨论，不对之处敬请批评指正。

著 者

2022年12月

目 录

第一章　湖北水稻生产

农业生产是人类有意识地参与利用自然活动的过程，标志着人类从消极的顺从自然走向了积极的适应自然。人类经过狩猎、采集向农业生产的转变，才使长期定居成为可能，最终实现了人类文明前所未有的进步。

从“五谷者，万民之命，国之重宝”“国以民为本，民以食为天”，到“手中有粮，心中不慌”，再到“悠悠万事，吃饭为大”。当我们梳理中国人对粮食的理解，会发现从古至今粮食安全都是民族生存与发展、国家兴盛与衰亡的重要命题。

水稻是世界上重要的农作物之一，为地球半数以上人口提供主食来源，同时也是我国最重要的粮食作物之一，和黍麦一起支撑着华夏文明几千年生生不息。

回顾水稻的发展历程，会发现水稻伴随着人类文明的发展和文化的交融而迁徙，跟随着人类发展的脚步而扩张。水稻和人类的命运高度依存，经历了跌宕起伏、波澜壮阔的变迁与发展。从毫不起眼的野生植物，历经千万年，经人类的驯化，由野生稻转变为栽培稻，分化出籼稻和粳稻。通过人类的栽培，从旱作到水作，由直播转为插秧，发展成为今天遍及全世界的重要粮食作物。

从水稻生产的历史中，我们可以看到，人类与水稻的关系日益密切。水稻生产伴随着劳动力、生产工具、生产技术等生产力和生产关系的变化，经历了“采集、半栽培”—刀耕火种—原始水作—精耕细作的多次转型。每一次转型，都加深了人类对于水稻生产的认识，促进了水稻生产水平的提高。

第一节　历史上的湖北水稻生产

湖北省是长江中游水稻生产的代表性区域，水稻生产历史渊源流长，特定的地理气候条件，衍生了丰富的水稻生产活动，是水稻生产发展史的重要组成部分。我们从湖北省漫长的水稻生产历史中选取一些片段或事件，以时间为顺序，梳理历史上水稻生产的变化。

一、屈家岭的水稻

据目前考古发现，湖北省最早的水稻种植可以追溯到距今 5 800—5 100 年的新石器时代的屈家岭文化时期。屈家岭文化因 1955—1957 年发现于湖北省京山市屈家岭而得名。屈家岭是长江中游史前稻作遗存的首次发现地，是中国农耕文化发祥地之一，农耕文化内涵极为丰富，甚至有学者认为屈家岭遗址展现的人类文明程度还高于同时代的黄河文明。

据杨玉璋等 2020 年考古研究表明，屈家岭文化历经了油子岭（距今 5 800—5 100 年前）、屈家岭（距今 5 100—4 500 年前）和石家河（距今 4 500—4 200 年前）3 个文化时期，涵盖了江汉平原新石器时代考古学文化发展的整个过程。考古学家在屈家岭建筑遗迹的红烧土中，发现有稻壳印痕，经鉴定为人工栽培的粳稻，且驯化程度在油子岭文化早期就已经达到现代栽培稻水平。说明在那个时期，先民已经开始种植粳型水稻并长期稳定。此外，在油子岭时期出土的各类碳化植硅体中，表明水稻植硅体在各个文化时期都同时存在，并且水稻植硅体在不同类型植硅体中占有较高的比例。说明早在油子岭文化时期，水稻是主要的食物来源，而粟类作物只是辅助性的食物来源。还有考古证据表明，在距今 5 000 多年前，屈家岭文化时期的人们已经开始使用稻谷酿酒。

随着屈家岭遗址不断的考古发现，证明5 800年前居住在屈家岭的先民已经以稻作农业作为社会经济的主体，水稻生产已经具备一定的规模，积累了相对成熟的生产技术，建立了相对成熟的稻作体系，并依靠稻作繁衍生息。

二、湖广熟、天下足

越来越多的考古发现证明，发源于长江流域的稻作文明与发源于黄河流域的黍麦文明一样源远流长，共同孕育了辉煌灿烂的中华文化。但是，从夏商周到西晋末期，代表先进生产力水平的核心地带长期处于黄河流域的中、下游。而南方因为远离政治、经济和文化中心，其人口、生产力水平的不足，决定了水稻并不是当时国家粮食的主要来源。

晋永嘉之乱、唐安史之乱和北宋灭亡的三次人口大南移，促进了我国南北文化的大交融。人口和技术的转移，使南方人口快速增长，农业生产水平大幅提升。同时，南方丰富的光温资源条件，使得稻麦两熟和双季稻能够实现，水稻复种水平得到提高。此外，大规模的围湖造田，太湖、洞庭湖和鄱阳湖地区的耕地面积也不断扩大。这一时期南方的粮食产量不断提升，相继出现了“苏湖熟，天下足”和“两湖熟，天下足”的民谣。进入元末，江浙地区纺织业大规模发展，水稻主产区向棉纺、织业中心转变，当地的水稻种植技术向当时地广人稀的湖广地区转移。到明清时期，湖广地区尤其是江汉平原进入大开发阶段，也开始围垦造田，土地资源得以开发，大范围的人口流动和人口爆炸式增长，劳动力得到了大幅补充，再加上土壤肥沃，灌溉条件好，气候适宜水稻生长，水稻产量空前提升，湖广大米向江、浙一带经济发达地区供应。湖北、湖南已成为全国粮食的主产区、供应基地和商品粮流通基地。“湖广熟、天下足”逐步深入人心。

三、水稻“五改”工程

新中国成立后，百废待兴。经过一段时间的摸索，农业生产开始由个体农业时代向集体农业时代转变。为了吃饱肚子，保障农产品供应，粮食生产成为农村农业工作的重中之重。

1954年，农业部针对长江中下游稻作区，提出“南方水稻地区单季改双季，间作改连作，籼稻改粳稻”的方针。1956年，湖北省提出单季稻改双季稻、旱地改水田、高秆改矮秆、籼稻改粳稻、坡地改梯田的“五改”工程。到20世纪70年代，湖北省水稻种植面积达到4 500万亩，粳稻种植面积达到1 800万亩，早稻和晚稻面积均突破1 000万亩，均为新中国成立以来的最高水平。不过这个阶段主要是向土地要产量，过分强调复种指数，致使一些在自然条件和生产条件上不适合种双季稻的地方也种上了双季稻，违背了自然规律。当时，田多劳少的荆门市，早稻面积55.05万亩，占水稻面积的42%，平均亩产240kg，晚稻平均亩产只有96kg，两季相加年亩产为336kg，而一季中稻平均年亩产470kg，双季稻反比一季中稻年亩产低134kg。从湖北全省的情况来看，一段时期内双季稻的超常发展，虽然增加了水稻总产，但是，由于单一种植双季稻，造成季节性劳动力紧张，肥料跟不上，缺乏持续增产的条件，招致干部群众反对，不得不进行调整。

受制于生产力和技术水平，很长一段时间，水稻单产难以取得决定性的突破，但是人们对于产量的渴望并没有削减。1958—1960年，追求高产成了全社会共同的目标，并为之疯狂。一时间，各种离奇的产量数字在各大宣传媒体上出现。1958年7月，湖北省孝感长风农业生产合作社发布早稻亩产15 361斤（1斤=500g），报出了第一个水稻亩产纪录。随后，湖北省麻城县麻溪河乡建国第一农业社，报出当地早稻亩产达到了36 956斤的惊人数据，被《人民日报》称为“天下第一田”，史称“麻城放卫星”。此后，广西壮族自治区环江县红旗人民公社城关大队报出中稻亩产超过13万斤，创造了全国水稻丰产最高纪录。这一时期，夸大宣传粮食产量成为风气，导致“水稻卫星”“小麦卫星”“苞谷卫星”“烤烟卫星”满天飞，其他行业也出现了类似情况。根据喻崇武和张磊（2015）统计，湖北省放出的农业高产卫星数72个，仅次于河南省的 91 个。在此期间，湖北省粮食年产量只有 955.2 万 t，而浮夸产量达到了 2 250 万 t。

四、“两系法”杂交水稻

1970 年，袁隆平团队发现雄性不育野生稻，三系杂交水稻出现了历史性的突破。湖北省作为“三系法”杂交水稻全国大协作的重要成员，也投入了大量的科研力量，参与了全过程的科研活动。

1973 年，沔阳县（现仙桃市）农业技术推广中心的石明松，在沙湖原种场的“农垦 58”中寻找雄性不育材料，发现了一个育性表现与播种期相关的材料，并于 1981 年在《湖北农业科学》上发表了题为“晚粳自然两用系选育及应用初报”的论文。1985 年，农垦 58 不育材料正式命名为“湖北光敏感核不育水稻”，开始了两系法杂交水稻的研究。

“两系法”杂交水稻是我国水稻史上继矮化育种、杂交“三系”育种成功后的第三次重大发现，在国际上居领先地位。20 世纪 80 年代中后期，全国掀起了“两系”杂交水稻的研究热潮。中国杂交水稻研究与利用进入了“三系”“两系”并进的新阶段，并在 20 世纪 90 年代初进入生产示范。1996—2014 年，中国有 900 多个“两系法”杂交水稻品种通过审定，累计推广面积 5 000 万 hm^2。目前年推广面积 550 万 hm^2，占全国杂交水稻播种面积的 35% 左右，已经成为水稻杂种优势利用的重要途径。“两系法”杂交水稻的发展为我国粮食安全起到了关键性的作用。2013 年，“两系法杂交水稻技术”荣获国家科学技术进步奖特等奖。

五、万斤粮与自行车

1979 年，安徽凤阳小岗村农民带头开始了田地大包干，仅一年，粮食产量翻了 4 番。大包干随着改革开放的春风，飘向全国各地。1979 年，湖北省孝感地区应城县杨河公社卫东大队六房生产队队长杨小运，把全队分成 3 个生产组，再将田分到组。1980 年，夏收时，生产队就完成了全年粮食订购任务。1981 年 8 月，六房生产队用夏粮和早稻完成了 4 万 kg 粮食订购任务。此时，生产队还有 110 亩中稻、140 亩晚稻没有收获。县里干部来调查时，杨小运对县里干部说："还可以向国家多卖 1 万多斤粮食，如果我们超卖 1 万斤粮食，就给我们一个买自行车的指标"。果然，杨小运又卖了 10 380 斤稻谷，也得到了梦寐以求的"永久"牌自行车。《杨小运愿向国家超卖万斤粮——只求买到一辆"永久"自行车》的重大新闻在国内外引起了轰动。如今，杨小运的自行车被存放在应城市档案馆最显著的位置，他超卖万斤粮食的发票保存在中国国家博物馆，他也成了"新时代农民典型"。

农村实行联产承包责任制，是生产关系的一次巨大调整，极大调动了农民的生产积极性，迅速扭转了农业生产长期徘徊不前的局面。但是，集体经营转变为一家一户的分散经营，受到了资金、人力、物力的制约，不利于土地规模集约化经营，降低了抗农业生产风险的能力，限制了新的增产技术和大型农业机具的推广应用。水稻生产期待着一次新的关系调整。

六、水稻生产"十七连丰"

1997—2003 年，湖北省水稻生产进入了低谷期，总产量逐年下滑。全国粮食生产也在 2000—2003 年出现了耕地面积、播种面积、总产量、人均占有量"四个连年减少"，粮食生产能力出现罕见的滑坡。

为调动农民种粮积极性，稳定粮食生产，国家出台了一系列支持政策。2003 年实施的《中华人民共和国农村土地承包法》第 16 条，明确规定承包人"依法享有承包地使用、收益和土地承包经营权流转的权利"，确立了我国土地承包经营权流转制度。土地流转成为农民的合法权利。2004 年《中共中央国务院关于促进农民增加收入若干政策的意见》出台，开始对种粮农户进行直接补贴。2006 年，《中华人民共和国农业税条例》废止，这项从 2000 年开始试点的农村税费改革正式落地，标志着在我国延续了 2 600 年的农业税从此退出历史舞台。

2014年，中央办公厅、国务院办公厅印发《关于引导农村土地经营权有序流转发展农业适度规模经营的意见》，要求5年内完成承包经营权确权，推动土地流转和适度规模经营。湖北省围绕土地流转进行了一系列改革探索，2012年出台《湖北省农村土地承包经营条例》，提出“明晰所有权、稳定承包权、放活经营权”。在全国率先实践由土地所有权、承包权的“两权分离”，过渡到土地所有权、承包权、经营权的“三权分置”。“三权分置”是引导土地有序流转的基础，既维护了集体土地所有者权益，保护农户的承包权益，又放活了土地经营权，解决土地要素优化配置问题；既适应二三产业快速发展的需要，让农户放心流转土地、放心转移就业，又促进了土地规模经营的形成；既保障基本农田和粮食安全，又通过合乎规范的流转保障农民公平分享土地增值收益，增加农民收入。

在实施粮食支持政策、开展土地流转制度改革的同时，国家启动了一系列粮食科技攻关项目。2004年，科技部、农业部、财政部、国家粮食局联合13个粮食主产省，立足东北、华北、长江中下游三大平原，围绕水稻、小麦、玉米三大粮食作物高产高效目标，启动实施了“国家粮食丰产科技工程”。作为粮食主产省的湖北，组建了一支技术攻关、示范推广的队伍，通过组织实施“国家粮食丰产科技工程”，积极落实一系列支农惠农政策，一些新技术、新模式得到推广应用。虾稻、再生稻开始大面积推广；一批适宜地方自然条件的丰产优质品种筛选和应用，良种覆盖率连创新高；工厂化育秧、机械插秧、机械直播快速发展，水稻生产的劳动效率持续提升；测土配方施肥技术、病虫害绿色综合防控技术、减肥减药技术大范围应用，水稻绿色生产水平不断提高。

2020年初，突如其来的新冠肺炎疫情席卷全球。受新冠肺炎疫情的影响，湖北省水稻生产遇到了一些问题。疫情防控最紧张的时期，也正好是春耕备耕的关键时期，湖北省全境“封城封村”，导致农民不能下田，农资无法到位，对全年水稻生产，尤其是早稻和再生稻的生产造成影响。为了推进新冠肺炎疫情防控和经济社会发展工作，不失时机抓好春季农业生产，中央和湖北省出台了一系列统筹做好农村地区新冠肺炎疫情防控和春季农业生产工作的支持政策，极大地鼓舞了稻农的信心。2020年湖北省稻谷产量达到了1 864万t，与2019年基本持平，保持了从2004年以来水稻生产“十七连丰”的好成绩，体现了湖北省水稻生产的“韧劲”和克难攻坚的能力。

第二节　湖北水稻生产现状

湖北省水稻常年种植面积约3 500万亩，产量约1 900万t，分别占全国水稻面积、产量的7.6%和8.8%，位居全国第6位和第5位，单产水平、优质品种种植率、稻谷优质达标率处于全国前列。目前，湖北水稻生产状况，具有以下几个明显的特点。

一、水稻生产地位突出

水稻种植占据湖北农业的半壁江山。水稻一直是湖北省种植面积最大、总产最高的粮食作物。水稻播种面积占全省粮食作物播种面积的48.5%，总产占粮食作物总产的68.1%。水稻成为湖北粮食的“稳压器”“压舱石”，为保障粮食安全作出了重要的贡献。在湖北省的水稻主产区，水稻生产既是农民的主要就业渠道，也是农民家庭经营收入的主要来源。平原湖区一半以上的农民家庭经营收入来源于水稻生产收入。

水稻和水稻产业带动了湖北省农业产业发展。至2021年，湖北省农林牧渔业总产值8 296亿元，农业总产值3 912亿元，按照中晚籼稻最低收购价计算，湖北水稻种植总产值为486亿元；粮油加工业总产值年均在2 000亿元左右，而优质稻米产业链总产值达到1 099亿元。此外，水稻生产还带动了水产等产业发展。到 2022 年，以稻虾共作为代表的稻田综合种养产业年产值达到 1 000 多亿元。

二、水稻生产相对集中

湖北省水稻生产主要集中在鄂东南、江汉平原和鄂中北三大生态区。三大生态区水稻种植面积和总产量均占湖北水稻的 90% 以上，其中，荆州市、黄冈市、孝感市、荆门市、襄阳市和咸宁市的水稻种植面积和总产占全省 70% 以上。

湖北省水稻种植大户、家庭农场、合作社和专业协会等新型经营主体，主要分布在三大生态区。三大生态区水稻新型经营主体的经营面积，占全省新型经营主体水稻规模经营面积的 90.1%，生产规模一般为 50 ～ 200 亩，占水稻规模生产的 81.9%。最大的水稻生产经营主体生产规模达到了 10 万亩。

三、水稻生产单双季混作

湖北省位于全国中部，是我国暖温带农区与亚热带农区过渡地带，在农业上兼南北地区之长。在水稻生产上，单、双季稻均有种植，也是我国重要的双季稻主产区之一。目前，湖北省水稻生产以中稻和一季晚稻为主，面积达到 3 051 万亩，占全省水稻种植面积的 85%。双季稻面积为 400 万亩左右。

在种植模式上，湖北省现有稻麦、稻油、稻虾、再生稻等丰富多样的种植模式。其中，稻麦轮作面积 1 000 万亩，稻油轮作面积 900 多万亩，稻虾面积 700 多万亩，再生稻面积 300 多万亩。在种植结构上，湖北省以籼稻为主，籼、粳稻并存，籼稻面积 3 200 万亩左右，而粳稻面积仅有 300 万亩左右。在品种结构上，杂交水稻面积仍占主导地位，在 80% 左右，常规稻在近年来有逐渐回升的趋势。

四、水稻供给能力增强

湖北省是我国水稻主产区和重要的商品粮基地，大米设计年产能居全国第二，实际处理稻谷数量和大米产量均居全国第三。2021年，全省1 138家大米加工企业加工产值574亿元、销售收入568亿元，实现利润42亿元。稻米商品率83%，常年外调大米100亿斤，高档优质籼米主要销往广东、福建、海南等沿海经济发达地区，普通优质籼米主要销往云、贵、川等稻谷产量不足地区，粳米主要销往江、浙、沪一带。

在供给能力不断加强的同时，稻米产品和品牌的影响力也不断扩大。目前，湖北省有38个粮油产品入选了“中国好粮油”，入选产品数量居全国第3位，其中，稻米产品就占21个。2022年湖北遴选了16个“荆楚好粮油”产品，其中有10个是稻米产品。国宝桥米、瓦仓大米、德安府香米等知名品牌开始走出湖北、走向全国，潜江虾稻、孝感香米、洪湖再生稻等区域公共品牌的影响也越来越大。“吃湖北粮、品荆楚味”成为越来越多人的选择。

第三节　湖北水稻生产变化

从湖北省水稻生产历史和现状可以看出，湖北水稻从发生到发展，经历了数个阶段。每个阶段变化的起因不同，内容也不一样。考察现阶段湖北水稻生产的变化，对照过去小农户分散生产特点和精耕细作的生产方式，重点在水稻生产目标、生产组织形式、栽培管理和生产规模方面进行比较分析，从而认识其变化特点和规律。

一、生产目标变化

我国水稻生产，一直都是以满足温饱为目的，增加产量成为水稻政策选择和技术革新的首要目标。新中国成立后，经历了持续的品种改良和栽培技术改进，加上农村生产经营体制改革和农业政策的支持，我国粮食产量大幅提升。人均粮食产量稳定在470kg左右，远高于人均400kg的国际粮食安全的标准线。稻谷的人均产量从2002年的124kg增加到现在的150kg左右。目前，我国谷物自给率95%以上，口粮基本自给。

据分析，在水稻供给方面，到2030年我国人均稻谷口粮消费量会降为86.0kg/年，稻谷口粮宏观消费量为1.42亿t，按照2020年的稻谷产量2.13亿t计算，供给量剩余0.71亿t。而在水稻消费方面，消费者对于粳稻的需求开始逐步提升，"南籼北粳"的消费格局正在发生变化。同时，对于高档优质稻米和功能性稻米的需求也逐渐攀升，稻谷从满足基本温饱的需求向口感、风味、健康等方面转变。

为了适应消费者的需求，湖北省粳稻面积从2005年的40多万亩发展到现在的300多万亩，同时，糯稻发展到130万亩，再生稻发展到330万亩，虾稻发展到700多万亩，功能性稻米生产也快速发展。2008—2018年，湖北省优质水稻种植率已从40%提升至90%。到2021年，湖北省新收获中晚籼稻国标三等达标率为95.4%，原粮品质不断提升。2022年，湖北省政府出台的《水稻生产工作指导意见》提出，水稻生产要稳定种植面积，提高稻谷产量，提升水稻品质，提振稻米品牌，同时定向发展一批专用籼糯、香稻、虾稻等具有地方特色、风味品质好、市场有需求的特色水稻品种，增加绿色优质产品供给。这为今后一个时期湖北省水稻产业发展指明了方向。

二、组织形式变化

"大国小农"是我国的基本国情农情。现阶段，水稻生产仍然是小农户生产占大头。随着家庭农场、农民合作社、农业生产专业协会等新型经营主体的快速兴起，农业社会化服务网络的逐步构建，正在将一个个分散的小农户整合起来，与现代农业发展接轨，与大市场相衔接。目前，湖北省水稻生产组织化程度不断提高，相继涌现出多种生产组织形式。

一是“合作社 + 农户”模式。通过专业合作社主导，吸纳周边农户以土地入股，合作社为农户提供服务的同时，农户也能参与合作社的管理和分红。南漳县寨子米种植专业合作社，吸纳农户以土地经营权入股合作社，合作社出资开展土地平整和道路建设，同时还购置了烘干、仓储、加工、包装等设备设施。农户入股合作社后，不但能够享受合作社的统一产购销服务，还能够拿到合作社的“保底 + 分红”。有条件的农户还能再承包合作社的土地，实行“土地反包”，培育成种植大户和家庭农场。

二是“企业 + 农户”模式。通常是龙头企业直接和农户对接，向农户提供产前、产中、产后服务。湖北楚稻香粮油有限公司，通过“企业 + 农户”模式，服务周边小农户 15 万亩，过去的农户自耕、自种、自管、自收、自销的传统生产方式被改变，农资采购、种植技术、病虫害防治、稻谷烘干、加工及销售等基本由企业统一服务，且农户可以免费使用“楚稻香”商标。通过企业带动，小农户水稻生产的各个环节都融入了现代企业服务。

三是合作社联盟模式。通常是大型专业合作社牵头，联合小型合作社、种植大户和家庭农场，整合各类农技、农资、农机和加工企业，为成员提供生产服务。洪湖春露农作物种植合作社联社，网罗周边 25 家农业专业合作社，通过“联合社 + 专业合作社 + 基地 + 农户”的模式，发展农户 3 280 户，流转土地 9.2 万亩。从 2013 年 10 月成立以来，3 280 户春露社员的种田方式发生了重大转变：联合社统一购买生产资料，平整、育秧、播种、施肥、收割统一进行，聘请种田能手指导田间操作，社员负责日常管理，待稻谷成熟后由联合社统一收购加工销售。

四是新型合作社模式。一般由涉农企业牵头，通过成立新型合作社，进行标准化种植管理示范，带动农户生产。中化集团，通过在水稻主产区建立 MAP 示范农场，形成标准化管理流程，进行标准化生产。以示范农场作为样板，“种给农民看，带着农民干”。农户按照公司要求采购指定的种子、农药和肥料，将水稻生产委托公司管理。中化集团全程跟踪，并提供农业机械化配套、农产品订单销售的服务。不管年景如何，哪怕因灾绝收，每亩都给农户保底收益 500 元。目前，中化农业 MAP 示范农场仅在湖北省枝江市就发展核心示范区 15 000 亩，带动了全市 20 万亩优质稻生产。

三、栽培管理变化

现阶段，水稻生产最明显的变化就是栽培管理的变化。

在栽培操作上，由人工操作转向机械操作。过去水稻生产从育秧栽插到割谷打谷，都由人力完成，稻谷转运也靠肩挑背驮，农事时间长，劳动强度大；现在水稻生产机插秧、机直播、机械施肥打药、机收机运、机械烘干储藏，实行全程机械化，省工省时，降低了劳动强度，提高了劳动效率。

在栽培方式上，由经验栽培转向精准栽培。过去生产上农户更多是凭借经验种水稻，大水大肥、粗放管理，费工又费时，技术难到位；现在，高质量栽插、精量直播、测土配方施肥、水肥精确管理和病虫草害综合防控等技术不断完善，水稻生产的标准和规范不断形成，规范化、精准化程度不断提升。

在栽培技术上，由单一技术栽培转向集成技术栽培。过去，水稻产量水平较低，单一的化肥应用或是杂交水稻技术的推广，就能够取得明显的效果，获得一定的产量；现在，水稻生产不再是靠某一个单项技术打天下，而是进入从种到收的集成技术时代，从种子筛选，到耕整、育秧、插秧、施肥、病虫草害防治等产中环节，以及生产之后的收获、储藏等产后环节，必须进行技术的集成创新，才能增加产量，提升质量，提高效益。

四、生产规模变化

过去一家一户分散的水稻生产，缺乏聚集劳动和资本的能力，决定了劳动生产率和土地产出率长期不高，水稻种植的比较效益低，农民种粮的积极性不高。农民农忙时在田地干活，农闲时外出打零工，兼业化现象突出。同时，人口转移和老龄化问题日益突出，留守农村真正从事农业生产的人员越来越少，加上 80 后、90 后农民普遍务农意愿不高，种粮后继乏人的问题比较突出。此外，小农户在接受机械化生产、新型栽培技术与新型种植模式等方面也缺乏主动性。

进入 21 世纪，国家相关政策密集出台，引导土地有序流转，培育新型经营主体，一批具备较好物资装备和经营管理水平的农业经营组织，开始规模化生产，带动水稻生产由分散农户生产向适度规模经营。“十三五”期间，湖北省各类新型农业经营主体不断涌现，主体数量达到 23 万个，其中，水稻生产新型经营主体有 25 000 个，占比 10.8%。规模经营面积达到 555.9 万亩，生产稻谷 297.3 万 t，占全省水稻面积和总产的 15% 以上。新型主体成为湖北省水稻生产的主力军，是农业现代化发展的“领头羊”。

从分析水稻生产目标、生产组织形式、栽培管理和生产规模的变化，看到的是水稻生产逐步由精耕细作，向轻简化、机械化、规模化方向转变。如同水稻生产历史上经历的“采集、半栽培”—刀耕火种—原始水作—精耕细作的多次转型，传承两千多年水稻生产的精耕细作也开始发生深刻变化。

参考文献

黄亚婷，郭可滢，赵慧娟，2022. 长江中下游先民最早驯化野生稻　大米今成全球 35 亿人口主食 [EB/OL]. 长江日报，https://ishare.ifeng. com/c/s/v002TQG-v-zDL-SwHgcFObdVOK-_ESMipORvi6tY8ylh 7oI_.

黄镇国，张伟强，2002. 再论中国稻作的起源发展和传播 [J]. 热带地理 (1): 76-79.

雷东阳，林勇，陈立云，2019. 水稻两用核不育系的研究现状与发展策略 [J]. 湖南农业大学学报 (自然科学版), 45(3): 225-230.

雷宇，2021-03-26. 农村土地改革 从分到合的成功密码 [N]. 中国青年报 (3).

李海玉, 2012. 关于农村集体建设用地流转的历史考察及若干思考 [J]. 农业考古 (3): 133–136.
李华欧, 2015. 论明清时期“湖广熟, 天下足” 经济现象 [J]. 社会科学家 (2): 147–151.
林贤东, 2018. 屈家岭文化的“中国高度” 解读 [J]. 文物鉴定与鉴赏 (2): 59–61.
凌启鸿, 丁艳锋, 张洪程, 2005. 中华远古稻作始于水稻 [J]. 东南文化 (5): 6–11.
刘德银, 2004. 长江中游史前古城与稻作农业 [J]. 江汉考古 (3): 63–68.
刘志一, 2000. 关于野生稻向栽培稻进化过程中驯化方式的思考 [J]. 农业考古 (1): 122–128.
罗志, 周衡陵, 李静, 等, 2022. 陆稻的起源与适应性进化研究进展 [J]. 上海农业学报, 38(4): 9–19.
马爱平, 2014. 打造“国家粮食丰产科技工程” 科技品牌 [J]. 中国农村科技 (5):16–18.
牟同敏, 2016. 中国两系法杂交水稻研究进展和展望 [J]. 科学通报, 61(35): 3761–3769.
宋敏桥, 2002. 中国原始农业起源之背景分析 [J]. 商丘师范学院学报 (1): 52–55.
谭永江, 2008. 我国粮食丰产工程 4 年增效 500 亿 [J]. 决策与信息 (9): 23.
陶林, 2009. 改革开放三十年的农村土地制度变迁 [J]. 生产力研究 (12): 1–4.
佟屏亚, 2015. 2014 年中国种业要事点评 [J]. 中国种业 (1): 1–3.
汪鸿儒, 储成才, 2017. 野生稻并不“野” [J] . 遗传, 39(5): 438–439.
王彦青, 2017. 1998—2016 年农村集体土地产权制度改革综述 [J]. 中国农业资源与区划, 38(10): 14–18.
巫伯舜, 1991. 稻作新观念 [M]. 北京 : 农业出版社 .
肖东发, 2014. 原始文化: 新石器时代文化遗址 [M]. 北京: 现代出版社 .
新华社, 2018. [致敬 40 周年] 农民杨小运的“走运” 人生 [EB/OL].https://baijiahao.baidu.com/s?id=1621167228760932786&wfr=spider&for=pc.
徐云峰, 1998. 关于稻作起源与传播的思考 [J]. 农业考古 (1): 246–254.
杨玉璋, 黄程青, 姚凌, 等, 2020. 湖北荆门屈家岭遗址史前农业发展的植硅体

证据 [J]. 第四纪研究 , 40(2): 462–466, 468, 470–471.
叶瑞汶 , 1993. 中国历代人口和耕地走势的分析 [J]. 南昌大学学报 (人文社会科学版) (2): 82–85, 101.
易奎 , 2022. "三权分置" 背景下农村土地流转问题研究——以湖北省为例 [J]. 安徽农业科学 , 50(2): 264–266, 269.
游艾青 , 陈亿毅 , 陈志军 , 2009. 湖北省双季稻生产的现状及发展对策 [J]. 湖北农业科学 , 48(12): 3190–3193.
游修龄 , 曾雄生, 2007. 中国稻作文化史 [M]. 上海: 上海人民出版社 .
喻崇武 , 张磊 , 2015. "大跃进" 饥荒中粮食的供给、分配与消费 [J]. 北京社会科学 (9): 29–38.
袁文凯 , 2018. 湖北农业适度规模经营研究 [D]. 武汉: 湖北省社会科学院 .
岳玉峰 , 2019. 中国水稻史话 [J]. 北方水稻 , 49(3): 63–64.
张家炎 , 1996. 明清长江三角洲地区与两湖平原农村经济结构演变探异——从 "苏湖熟, 天下足" 到 "湖广熟, 天下足" [J]. 中国农史 (3): 62–69,91.
张雨欣 , 左昕昕 , 戴锦奇 , 等, 2021. 水稻和旱稻植硅体形态的对比研究 [J]. 微体古生物学报 , 38(3): 285–291.
张跃强 , 陈池波 , 2017. 新常态下湖北省农业转型发展研究 [J]. 湖北农业科学 , 56(7): 1369–1372.
张枝盛 , 程建平 , 曹鹏 , 等 , 2020. 新冠肺炎疫情对湖北水稻产业的影响及应对措施 [J]. 中国稻米 , 26(3): 23–27.
钟大森 , 赵明 , 张昭 , 2019. "粮食丰产增效科技创新" 重点专项组织实施进展情况 [J]. 作物杂志 , 190(3): 1–9.
周季维 , 1982. 云南旱稻生产的历史和现况 [J]. 云南农业科技 (5):5, 22–26.
周群 , 2009. 清末民初湖北地区的粮食问题 [J]. 农业考古 (4): 94–98.
朱英国 , 2016. 杂交水稻研究 50 年 [J]. 科学通报 , 61(35): 3740–3747.
邹应斌 , 2018. 水稻育秧技术的历史回顾与发展 [J]. 作物研究 , 32(2): 163–168.

第二章　湖北水稻生产转型

人类对于水稻的认知、改造和利用是不断变化的。这些变化积累到一定阶段必将带来水稻生产的深刻革命，水稻生产也会随之发生转型。水稻生产转型是因为社会需求、内部生产要素、外部资源环境发生变化，而引起水稻生产的社会观念、科学技术、劳动工具、组织形式、生产形态、生产功能等做出直接或者间接调整的过程。湖北水稻生产几千年的历史，就是水稻生产不断转型进步的历史。进入 21 世纪，湖北省水稻生产发生着深刻变化，从传统的精耕细作，朝着轻简化、机械化、规模化生产不断演进，预示着新一轮水稻生产转型正在发生。

第一节　水稻生产转型的发生

水稻生产转型是农业现代化进程中必然发生的现象。考察水稻生产是否发生转型，应当评估水稻的生产观念、生产技术、生产工具、生产形态和生产功能的变化，并且这些变化应该是根本性变化、系统性变化。

一、在生产观念上，逐步向绿色发展理念转变

“创新、协调、绿色、开放、共享”的发展理念，逐步深入人心，正在深刻改变着中国经济社会发展的内涵。

“绿色”发展的理念，要求人与自然和谐共生，已经成为全社会的共识。现阶段，在“绿色”发展理念的影响下，湖北水稻生产正在从过去粗放的、依赖劳动力和物质投入转变为资源节约、环境友好和产品安全的绿色生产。绿色生产日益成为水稻生产的根本性要求，逐步指引农民的种稻行为。近些年，湖北省水稻生产践行“高产、优质、高效、安全、生态”的十字方针，高度契合绿色发展理念，充分体现绿色发展要求。“高产”“优质”就是要求保障稻米供给的同时，注重稻米质量的提升；“高效”就是要求水稻生产减少劳动投入的同时，充分利用光、温、水、土和肥等资源，提高生产效益；“安全”就是要求稻米符合农产品质量安全标准，保障水稻生产的产品消费安全；“生态”就是要求水稻生产更有利于改善生态环境或人居环境。可以预期，“高产、优质、高效、安全、生态”的水稻生产实践，随着时间的推移，必将孕育水稻绿色生产方式的形成。

二、在生产技术上，逐步向精准栽培转变

过去在水稻单产水平较低的条件下，以增加劳动力和生产资料投入为主，以精耕细作的生产方式形成的技术体系，对水稻增产作出了巨大的贡献。但是，随着农村劳动力向非农转移，以精耕细作为特征的技术体系难以为继，日益不适应现阶段水稻生产的要求，一场以精准栽培为特征的水稻生产技术革命正在兴起，并且农业机械的应用为精准栽培技术的实现创造了条件。

进入21世纪，针对精耕细作技术体系暴露出来的问题，湖北水稻生产技术不断创新。围绕减少劳动力投入，积极探索水稻轻简化栽培技术，免耕、直播、工厂化育秧、抛秧机插、机收技术得到广泛应用；围绕减少肥药投入、提高作物利用率、降低环境污染，积极探索精准施肥施药技术，缓释肥技术、侧深施肥技术、肥水耦合技术、农药定点喷施喷雾技术普遍用于水稻生产；围绕获得合适的目标产量，积极探索作物建成技术，精准调控作物生长。同时，在水稻生产过程中，更加注重节本增效技术、温室气体减排技术、稻田

固碳技术、面源污染防控技术，有机肥替代技术、病虫害绿色综合防控技术和秸秆还田技术的应用。

随着遥感技术、系统模拟技术、决策支持技术不断融入水稻栽培管理中，水稻生产技术正在向精准化、信息化和数字化方向发展。水稻栽培方案的精确设计、水稻生产状况的精确诊断、环境影响的精准评估和水稻产量、品质的精确预测等逐步应用到生产实际中，不断拓展和丰富水稻精准栽培技术体系。

三、在生产工具上，逐步向机械化转变

过去，水稻生产主要是以人工劳动为主，育秧、插秧、收割、打谷，需要投入大量的劳动，同时水稻生产使用的是镰刀、耙子、木犁、锄头、扁担、箩筐、竹筛、铁锨等手工工具，耕整、灌溉、运输等环节的农机具牵引动力也以人力、畜力为主。

现在，圈养牲畜作为畜力进行水稻生产已经基本退出历史舞台，水稻生产中需要人力的工作也越来越少，土地翻耕、播种、插秧、收割、打药、灌溉、运输等环节的工具，已经被拖拉机、播种机、收割机、插秧机、动力排灌机、机动车辆等机械工具取代。农机具也由人、畜动力为主转变为机械动力为主。

随着智能化、信息化技术不断在水稻生产中应用，水稻生产各个环节的智能化、无人化的程度越来越高。人在水稻生产中的作用，从直接参与生产的“劳力”，到驱使动力机械的“操作手”，逐步成为水稻生产的“管理者”。

四、在生产形态上，逐步向三产融合转变

在人们的印象中，水稻生产表现出来的形态就是插秧、割谷。然而，插秧、割谷只是水稻生产的一个种植环节。现阶段，湖北水稻生产已呈现产前、产中、产后产业链的形态。水稻的生产、加工、销售等环节逐步链接；农户、

合作社、加工企业、稻米生产开始融合发展，利益链条不断完善；从生产到销售的价值链不断扩展，产业活力不断增强。湖北省监利县尚禾农业专业合作社联合社，以尚源供销社为依托，打造了农业服务综合平台，参与一粒种子到大米的全部生产过程，服务覆盖育苗、种植、农机、农资、收购、加工全产业链，5个乡镇6.8万亩水稻生产，每亩节约成本110元，增产稻谷100斤，增收138元，还有每亩160元的订单加价收入，让农民享受到全产业链带来的效益。

同时，湖北水稻生产也呈现一二三产业融合发展的态势。从单纯的产粮向生产、加工，乃至生态服务、旅游、观光扩展，一二三产业趋向融合。农民不仅能从种植水稻中挣钱，还能从稻田旅游、体验农场、科普教育中获得收入。黄冈市黄梅县大河镇的袁夫稻田农场，在不改变土地用途的前提下，将水稻生产环节与旅游文化产品对接，在800多亩的生态水稻种植基地的基础上，打造稻田文化体验区，拥有精品民宿、绿皮火车餐厅、“森林小屋”露营基地以及“稻梦空间”西式茶歇区等农旅体验主题项目，形成了集生态种植、大米生产、观光游览、自然教育、火车餐饮、度假民宿等为一体的休闲农业，是一个围绕着山、水、人、田做文章的新型农场，年游客量20余万人，收入数千万元。不仅让数百亩高品质稻米溢价畅销，也带动了整个区域的发展。武汉市永旺农产品专业合作社依托2万亩水稻种植基地，拓展花田、草坪、水果采摘园等休闲项目，发展观光农业，建设学生实践基地，接收学生参加劳动实践。通过稻田研学和稻田观光，让学生有机会进农村、入农户、下农田。合作社推进了三产融合，盘活了土地，富裕了农民，建设了农村。

五、在生产功能上，逐步向多功能转变

现阶段，湖北水稻生产的功能发生了很大变化，基本的食物功能不断被拓展。

一是经济功能。以前，小农户进行水稻生产，是为了家庭口粮的自给自

足，之后，余粮可以上市交易，获得一定的现金收入。整个社会关注更多的是水稻生产的产量，而不是经济收入。现在，耕地可以自由流转，水稻规模化生产不断扩大，大量资本投入水稻产业，种植水稻不再只是为了自己吃饱，而是通过生产经营水稻，实现自身就业，获取经济收入。水稻生产成为一条就业渠道，也是一条挣钱的门路。

二是保健功能。为了满足人们不仅要吃饱，还要吃好，吃得安全，吃出健康来，在水稻生产过程中，一方面，减少化肥、农药等化学品投入，降低稻米中农药残留和重金属含量；另一方面，积极开发功能性大米，一批降脂降糖、抗氧化、补充微量营养元素的保健大米应运而生。

三是生态系统服务功能。随着城市化和工业化进程加快，水稻生产的生态系统服务功能也越来越受到关注。水稻生产除了能够提供稻谷、秸秆等产出外，还具有调节大气、改善土壤环境、净化水质、保持水土、排蓄洪水、促进物质循环、维持生物多样性等生态功能。同时，还可以提供景观、休闲、娱乐等社会性功能。

综上所述，水稻生产发展到现阶段，生产观念、生产方式、生产技术、生产工具、生产形态和生产功能都发生了系统性、根本性的变化，且这些变化正在向不可逆的方向发展，让人们切身感受到一场新的水稻生产转型正在发生。

第二节　水稻生产转型的动力

湖北水稻生产发生转型，受内部生产要素和外部生产条件变化的影响，其发生动力主要由生产要素变化、农机进步、科技创新、资源环境约束和市场需求等构成。

一、生产要素变化驱动转型

湖北省水稻生产转型的动力，首要的来自生产要素的变化，而生产要素变化中最主要的是“人”的变化。进入20世纪80年代，湖北省农村人口开始向城镇转移，城镇化水平不断提高，城镇人口从1980年的786万人增长到2018年的3 568万人，与之对应的农村人口从3 898万人减少到2 349万人，城镇化率达到60.3%（图2–1）。

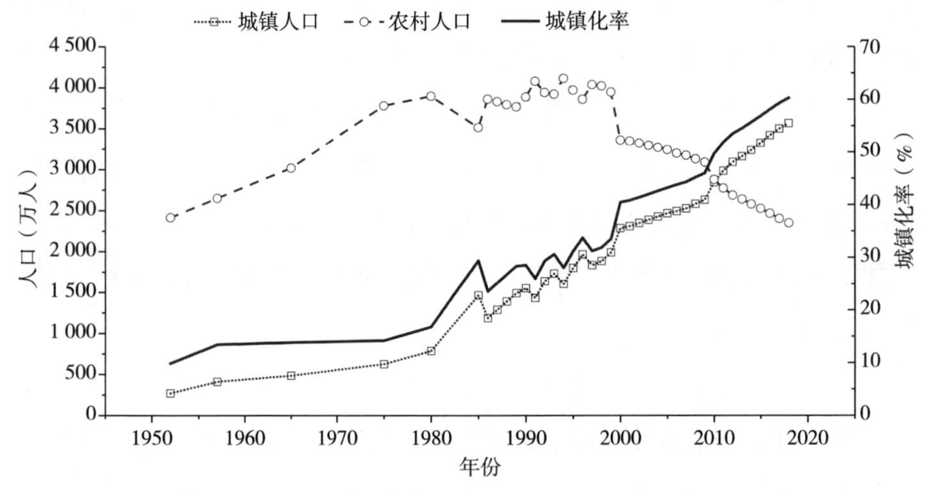

图2–1　湖北省城镇人口、农村人口和城镇化率的变化
（数据来自：湖北省2022年统计年鉴）

特别是近20多年，农村有1 500万人成为市民，每年还有几百万劳动力外出务工。农村劳动力转移为非农业部门和整个社会的总产出作出了巨大的贡献。但是，对于农业生产来讲，农村青壮年劳动力大幅减少，大量留守妇女和老人成为农业生产的主力军，且用工成本不断上升，生产中无工可请和请不起的问题日渐突出。2020年，对湖北省稻虾共作新型经营主体的调查中，402个受访者有67.9%反映请工出现困难，有42.8%认为用工成本增长25%以上。农村劳动力的减少、结构的变化，决定了水稻生产依靠“人海战术”、

依靠活劳动力投入的路子再也走不下去了，必须寻求减少活劳动力投入的轻简化、机械化的水稻生产路子。大力培育种植大户、专业合作社和家庭农场等新型生产经营主体，实行水稻生产适度规模经营，为实现轻简化、机械化、规模化的水稻生产创造条件。

二、农机进步催生转型

近些年，农业机械得到长足发展，水稻生产各环节基本实现机械代替人工操作，为水稻生产全程机械化提供了条件。机械化已成为水稻生产转型最为关键的外生动力。

水稻生产机械化由耕、种、收环节向施肥、植保、烘干、秸秆处理全过程发展。在施肥环节，侧深施肥机械、点施穴施条施机械、无人机施肥得到应用；在植保方面，自走式喷杆喷雾机、植保无人机、无人驾驶精准变量喷雾装备与高效施药技术的推广，使农民从过去“人背机器”的繁重劳动中解脱，开始了“机器背人”和“人机分离”；在插秧方面，工厂化育秧技术已经成熟，钵苗摆栽、毯苗机插技术的革新使得插秧质量不断提升；北斗导航、5G技术的应用，无人耕整、播插、收获在水稻生产中逐步成为现实。此外，通过栽培模式和种植方式的优化，适应和扩大了各种农机装备的应用场景。例如，在再生稻生产中，通过两次重晒田或者预留机收行，减少头季机收碾压损失；在水稻施肥环节，结合测土配方施肥技术、缓释肥技术和侧深施肥机具，实现了水稻一次性施肥。

三、科技创新加速转型

技术创新是湖北水稻生产转型的根本动力。到2022年湖北省农业科技进步贡献率超63%，10年提高近8个百分点，高于全国平均水平。其中，水稻生产的技术进步作出了巨大贡献。近些年，湖北省围绕水稻绿色化生产、轻简化生产、机械化生产、优质化生产，实现农机农艺有机融合，开展了一系列的水稻生产技术创新，加速了水稻生产的转型。在水稻品种方面，种质资源不断创新。仅“十三五”期间，湖北省选育和审定优质品种83个，占审定总数的31.9%，有效满足了水稻品种结构调整的需要。在生产资料方面，缓释肥、叶面肥、水溶肥、生物有机肥、生物农药、低毒农药等产品不断进步，水稻绿色生产水平不断提升。在生产技术方面，机收再生稻技术逐渐完善，通过“促芽、壮根、强叶”的肥水调控技术，再生稻再生季产量提升到新的高度；双季稻生产引进直播技术，双季直播大幅减少了劳动力投入，周年产量不减的同时，生产效率和经济效益大幅提高；基质改土、化学调控、工厂化育秧等技术，解决了育秧环节取土困难、秧苗素质不高的问题；秸秆还田、保护性耕作、微肥调控等技术，提升了中低产田的产能；机械侧深施肥、无人机施肥和植保技术的应用，水稻施肥施药环节的机械化程度不断提升；机收减损、烘干和就仓技术的集成创新，水稻产后损失率显著降低。

四、资源环境约束倒逼转型

资源环境约束给湖北水稻生产提出了新的要求，倒逼水稻生产转向“资源节约、环境友好”型生产。根据2007年第一次全国污染源普查结果，农业面源化学需氧量、总氮、总磷年排放量已达1 320万t、270.5万t和28.5万t，分别占全国排放总量的43.7%、57.2%和67.4%。农业面源污染已成为水体污染、湖泊富营养化的主要原因，其中稻田氮磷是面源污染的直接来源之一。显然，过去“大水、大肥、大药”的水稻生产，已适应不了资源环境约束的要求。进一步减少水稻生产中肥、药等投入品，降低物质消耗，减轻对环境的影响迫在眉睫。2015年《到2020年化肥使用量零增长行动方案》制定实施后，湖北省通过应用测土配方施肥技术、实施有机肥替代化肥、推广机械化施肥技术等举措，化肥用量减少19.9%，主要粮食作物化肥利用率提高5.2%。同时，生物防治、物理防治等绿色防控技术也不断完善，示范推广面积每年增加20%左右，应用面积占比由2015年的6.8%和1.8%，提高到2020年的

20.0% 和 12.0%，推动湖北省农药使用量逐年减少，实现了农药使用量零增长目标。但是，从总量上看，湖北水稻单位面积用量，与美国、欧盟、日韩等发达国家相比还有很大的减少空间。

资源环境约束另一个表现在于，全球气候变化对水稻生产的影响。气候变暖一方面导致作物生育进程和代谢活动发生剧烈变化，影响产量和品质的形成；另一方面也导致土壤微生物活性增加，加速有机质的分解，导致温室气体排放升高，进一步加剧全球变暖。湖北省水稻年产量 1 800 多万 t，约占全国水稻总产量的 8.84%；每年水稻生产直接和间接碳排放总和约为 2 200 万 t 二氧化碳当量，约占全国水稻总碳排放的 8.54%，碳排放强度为 1.17kg 二氧化碳当量 /kg 稻谷，略低于全国平均水平。但是，与美国、欧盟、日韩等发达国家和地区相比，水稻碳排放强度仍然较高。因此，亟须通过免耕、秸秆还田、肥水耦合管理、氮肥减量施用、病虫草害绿色防控等绿色低碳栽培技术的示范应用，向低碳稻作转型，保障水稻持续丰产的同时，减少碳排放，增加碳固定，减少水稻生产对气候的影响。

五、市场需求拉动转型

市场的指引为水稻生产转型指明了方向，拉动着水稻生产朝着优质高效转型。市场对于湖北水稻生产的影响，主要表现在以下两个方面。一是必须按照消费者的要求组织水稻生产，保障有效供给。随着国民经济的快速发展和人民生活水平的日益提高，温饱问题基本得到解决，粮食品质越来越受到消费者的重视。粮食安全的内容已经从数量安全和质量安全转变为粮食产量、质量、结构的安全，还有纵向维度的供应可持续性和横向维度的多功能性。预计到 2025 年，我国高端优质大米的需求将达到 130 万 t 以上，比 2019 年增加 50 万～ 60 万 t。湖北省水稻由过去通过数量扩张和价格竞争换取市场，逐步转向质量型、差异化的竞争，水稻产业结构逐步优化。与此同时，稻谷的供应结构也随市场需求而调整。长期以来，湖北省以籼稻种植为主，种植结构单一。然而，市场对粳稻的需求逐年增加。近些年，湖北省不断挖掘粳稻的生产潜力，在适宜地区扩大粳稻生产面积。二是水稻生产必须在市场交换中实现价值，并追求利益最大化。通过调整种植方式，在水稻生产中做减法，减少物质和劳动投入，降低生产成本；通过创新水稻栽培技术，瞄准丰产优质目标做加法，提高产量和优质品率。

第三节　水稻生产转型的特征

现阶段，湖北省水稻生产表现出明显的阶段性特征，逐步走向生产主体市场化、生产方式绿色化、生产过程轻简化和生产管理系统化。

一、生产主体市场化

湖北省水稻生产主体包括水稻种植大户、家庭农场、生产合作社、专业性协会、农业龙头企业等新型生产经营主体和小农户生产主体。无论是水稻新型生产经营主体，还是小农户生产主体，在市场化进程中都面临着两个现实问题：一是由于水稻是关系国计民生的特殊商品，政府一直高度重视，对于产量丰歉和供给余缺非常敏感，时常对水稻生产进行干预和调控，水稻商品很难形成完全竞争市场；二是水稻生产主体特别是小农户生产主体，与大市场的衔接容易脱节，对市场的反应能力和应对能力较弱。面对这些问题，水稻新型生产经营主体采取网络小农户提供生产服务、组织小农户入会进行生产协作、与小农户组建生产共同体应对风险等方式，不断提高生产组织化程度，一方面积极响应政府号召，保种植面积，保粮食产量；另一方面主动与市场对接，应对市场变化，自主组织生产，拓展消费市场，推动生产主体市场化进程。但是，从湖北省的实际情况来看，湖北省水稻生产主体市场化进程，还有很长的路要走，需要深化改革开放，进一步确立水稻生产主体的市场地位，完善粮食购销体制，建立粮食价格市场形成机制，使水稻生产经营主体，能够适应市场需求，自行安排生产；适应市场竞争，获取经济效益；感受市场变化，及时做出反应，实施应对之策。

二、生产方式绿色化

水稻绿色化生产方式是湖北水稻生产转型过程中的又一重要特征。具体体现在以下几个方面。

一是水稻生产越来越重视资源节约。到2020年，湖北省测土配方施肥覆盖率达90%以上，化肥利用率提高到40.31%，全省病虫草害绿色防控覆盖面积超过4 800万亩，绿色防控覆盖率达42%以上，其中水稻绿色防控面积在1 500万亩以上，化肥农药施用量连续9年实现负增长。2020年湖北省化肥用量比2015年减少66.6万t（折纯），农药用量由2015年的12.07万t下降至2020年的9.3万t。“十三五”时期，化肥农药资源累计节约近200万t。

二是水稻生产越来越体现低碳种植。湖北地处我国单双季稻混作区，生产水平较高，水稻在农业生产中占有重要地位。但是，湖北省水稻生产过程中水热同季，不合理的耕作方式、灌溉管理等导致稻田土壤有机质流失和甲烷、氧化亚氮等温室气体排放增加。为此，湖北省组织科研单位围绕低碳稻作，创新提出了垄作免耕、氮肥减量施用、控灌增氧、秸秆资源化等绿色低碳丰产栽培技术，并集成“油稻垄作免耕”“麦茬稻机械化”“再生稻培肥与耕作”“稻虾周年培肥与耕作”等绿色低碳丰产水稻栽培模式。2017年以来，绿色低碳技术和模式在襄阳、黄冈、荆州等地累计推广855.2万亩，减少甲烷排放10.8万t、降幅达到23.8%。

三是水稻生产安全和食品安全愈来愈受到关注。一方面，管理部门对水稻生产过程中的投入品管理愈发严格。例如，在农药管理方面，湖北省严格管控具有环境持久性、生物累积性等特性的高毒高风险农药及助剂，还禁止在汉江流域、清江流域内销售和使用剧毒、高毒、高残留农药及其混剂。另一方面，农户为了提升品质和打造品牌，对于投入品的选择更趋向绿色化。例如，随着稻虾共作产业的发展，涌现出一批农业合作社、种养大户创立的虾稻米品牌，为了提升品牌竞争力，产出绿色优质稻米，在水稻生产过程中，农民尽量不施用传统农药和化肥，而是使用农业绿色投入品，诸如生物肥料、功能性肥料、新型土壤调理剂、生物农药等。

此外，针对耕地土壤重金属污染的问题，湖北省实行了分类管理的办法，按污染程度将耕地划为优先保护类、安全利用类、严格管控类 3 个类别。严格保护优先保护类耕地，确保面积不减少、土壤环境质量不下降。在安全利用类耕地区域综合采用品种替代、水肥调控、土壤调理、深翻耕等农艺调控技术，降低食用农产品重金属超标风险。对重度污染严格管控类耕地，采取种植结构调整、耕地休耕、退耕还林还草等措施，确保安全利用，不得种植食用类农产品及饲料原料类植物。

同时，湖北省也充分重视稻米安全检测工作。在粮食安全检测方面构建了由 1 家国家级粮油质量检验检测中心、22 家国家级区域性粮油质检站、38 家省级挂牌粮油质检站构成的粮食质量安全检验监测体系。定期开展新收获粮食的质量监测，每年全省抽取 3 000 多份粮食样品进行质量和品质指标分析，近 1 000 份收获环节粮食样品进行安全卫生指标监测，把粮食质量安全关口前移。稻谷收购过程中实行“先检后收”的政策，只有主要污染物尤其是重金属含量符合标准的稻谷，才能正常进入市场。还定期对全省范围内库存和市场供应的大米进行质量安全检查和抽查，对于不符合标准的大米随时下架，确保了消费者舌尖上的安全。

三、生产过程轻简化

水稻规模化生产，对轻简化提出了现实要求，机械化为轻简化的实现提供了可能。因而，湖北水稻生产过程轻简化，实质上是轻简化、机械化、规模化生产的统一，日益成为转型期的一个重要特征。

通过简化水稻栽培程序，减少用工，实现栽培方式轻简化。例如，过去水稻育秧有“耕田—施肥—耙田—平整秧田—播种—盖膜”6个环节，水稻插秧有“整田—耙田—施肥—起苗—运苗—人工移栽”6个环节。现在，通过直播技术，省去了育秧环节，也免去了“起苗—运苗—人工移栽”环节，生产程序大幅减少，劳动用工大幅降低。

通过技术革新，减少劳动力投入，实现生产技术轻简化。在水稻施肥上，采用缓释肥和一次性施肥技术，简化施肥程序，减少了劳动力投入，降低了用工成本。在病虫害防控方面，通过田间安装捕虫灯、田埂种植蜜源植物、释放天敌等绿色防控技术，减少了打药次数，也降低了投入品的用量。

通过调整种植模式，合理安排茬口，实现种植模式轻简化。例如，湖北省再生稻种植，实现一次播种两季收获，既提高了复种指数，产量与双季稻相当，又省工省时，降低了劳动成本。再生稻模式已成为中国南方稻区典型的轻简化种植模式。

通过机械代替人工，生产环节采用机械操作，实现机械生产轻简化。湖北省水稻生产基本实现全程机械化，大大减少了劳动投入，减轻了劳动强度。未来，随着数字化、信息化、智能化技术的不断开发利用，引入“大数据、3S、云计算”等技术，通过物联网、互联网操作，实现无人巡田、无人播种、无人整地、无人施肥、无人打药、无人插秧和无人收获的无人农场。水稻生产的轻简化水平将进一步提升。

四、生产管理系统化

转型期水稻生产的管理观念、内容都发生了相应的变化。水稻生产管理不仅是生产环节的管理，而且是产前、产中、产后的链式管理；不仅包括生产经营系统管理，还包括稻田生态系统管理。

从田间到餐桌的管理。过去水稻生产的管理对象就是水稻，如何用有限的稻田产出更多的水稻，是水稻生产者追求的目标。转型期水稻生产，各个环节更加细分，分工不断深化，产前、产中和产后不再局限于种谷、收谷、卖谷，而是以消费者需求为导向，从产业链源头做起，经过采购与种植、加工物流、品牌推广、产品销售等每一个环节，产业链条不断延长，管理的范围也不断延伸。

更加注重投入品的管理。现阶段，农资产品不断丰富，监管愈发严格。生产者在选择投入品时，不仅要考虑这些投入品的效果，还要考虑投入之后产出是否划算，产品是否安全，对人的身体健康是否产生影响。化肥、农药从生产、销售到应用，逐步标准化、规范化。

更加注重社会化服务管理。水稻生产转型期，新型经营主体不断壮大，与小农户的合作不断紧密。过去一家一户的田间管理逐渐被专业的社会化服务取代，水稻生产的品种、技术、装备等通过社会化服务的形式，有效导入小农户生产，解决了小农户生产干不了、干不好、干起来不划算的事。实现水稻生产社会化服务管理，充分发挥社会化服务主体的力量，集中采购生产资料，降低了农业物化成本；统一开展规模化机械作业，提高了生产效率；集成应用先进技术，开展标准化生产，提升了产量和品质。

更加注重稻田生态系统管理。水稻生产转型期，生产者不仅关心“稻”，还要关心“田”，协调“稻”与“田”的关系，实行用地与养地相结合，保持水稻生产持续健康发展。同时，不断适应水稻生产的资源环境约束，减少面源污染，降低碳排放，维护稻田生态系统正常运行。

第四节　农民对水稻生产转型的响应

在水稻生产转型过程中，湖北省广大农户并没有做“旁观者”，更不是“落伍者”，而是积极适应转型，推动转型。

一、“水稻 +”模式快速推广

近年来，为了提高水稻的综合种植效益，越来越多农户通过发展稻作模式，提高稻田综合利用效率，水稻生产涌现多种多样的“水稻 +”模式。2021年，湖北省“水稻 +”面积 2 600 万亩，占水稻种植面积的 75%。

以稻虾、稻鳖为主的稻渔共生模式，以稻鸭蛙为主的稻禽模式，以水稻+大球盖菇、水稻 + 油菜等为主的稻经轮作模式，以稻 + 麦、稻 + 再生稻为主的稻粮模式等成为湖北水稻绿色高质量发展的代表模式。通过科学搭配高附加值经济作物、水产禽类品种，优化了粮经结构、种养结构和供给结构。南漳县“水稻 + 大球盖菇”模式，充分利用水稻收获后的秸秆和温光资源种植大球盖菇，每亩稻田消耗水稻秸秆 0.5t，大幅提升了秸秆综合利用率，每亩可产鲜菇 0.4t。不仅促进了冬闲田的开发，而且丰富了“菜篮子”。潜江市“水稻 + 小龙虾”，在水稻产量基本不降低的前提下，收获一至两季水产品，不仅优化了种养结构，而且丰富了农产品供给种类，稻虾成为潜江乃至湖北省农业高质量发展的名片。稻虾模式下，水稻每亩平均产量 500kg、小龙虾每亩 120kg，平均效益 3 000 元，与同等条件下水稻单作相比，化肥、农药施用量减少 30% 以上，亩效益提高 2 000 元左右。

二、常规稻面积逐渐回升

我国杂交育种经历了三系杂交稻、两系杂交稻和超级杂交稻的发展历程。杂交水稻的出现不仅在很大程度上解决了我国粮食安全问题，而且对世界粮食生产作出了非常大的贡献。

随着直播技术的应用和常规稻品种的更新，杂交稻大幅增产的效果也被常规稻所挑战，杂交稻与常规稻的产量差正在缩小。湖北地区常规稻多用直播，用种成本低廉。尽管杂交稻的产量潜力仍高于常规稻，只是高产需高的生产成本来获得。在现阶段水稻生产成本不断提高的背景下，通过减少成本，提高投入产出比，选择常规稻是水稻生产者的理性选择。同时，随着消费市场的变化，人们对稻米品质提出了新的要求。现在多以米粒细长、腹白少、米饭柔软、适口性好的米受人们喜爱，而杂交稻却不具备这些条件，因此，在粮食销售旺季，时常出现杂交稻谷滞销，而常规稻谷畅销现象。

近些年，湖北省常规稻种植面积有较大幅度回升。2013—2019 年湖北省常规稻面积增加了 300 万亩，常规稻在水稻播种面积的占比提升了 10 个百分点。据不完全统计，新型经营主体常规稻应用比例已经达到了 46%。

三、水稻直播面积不断扩大

20 世纪 90 年代，湖北省的直播水稻种植面积还比较小。到 2004 年，直播水稻种植面积也仅为 200 万亩。此后，直播水稻种植面积快速增长，到 2008 年已超过 450 万亩，直播水稻占全省水稻种植总面积的比例由 6.4% 上升至 15.2%。过去 15 年间，直播面积的年均增长率高达 34.1%，截至 2019 年，全省水稻直播面积已增加至 1 221 万亩，占水稻种植总面积的 33.3% 以上。与此同时，农村劳动力的短缺、劳动力成本的上涨及直播机械的研发和应用也推动了水稻机直播的快速发展，机械直播面积逐年提高。2015 年湖北省的机直播面积为 160 万亩，2017 年增至 250 万亩，年均增长率为 28.0%。截至 2019 年，全省水稻机直播面积已突破 280 万亩，占水稻直播总面积的 20% 以上。此外，在农业合作社、家庭农场，无人机离心播种等新型直播技术也开始应用。直播栽培技术由起初在早、中、晚稻的应用，发展到直播再生稻和直播双季稻等。

四、再生稻发展迅速

湖北省再生稻栽培种植在全国一直占有重要的地位。湖北省气候温暖，雨量充沛，水资源丰富，为一季中稻主产区，在中稻收割后有蓄留再生稻的习惯。1994 年，再生稻种植面积发展到 109 万亩，再生季单产约为 200kg/ 亩，是当时我国再生稻大面积获得高产的典型区。2015 年湖北省再生稻种植面积达 135 万亩，再生季平均单产为 220kg/ 亩。2019 年湖北省再生稻种植面积达到 300 万亩。当年，国家重点研发计划“湖北单双季稻混作区周年机械化丰产增效技术集成与示范”项目，在蕲春赤东镇酒铺村、沙洋毛李镇毛李村再生稻示范基地，再生季亩产突破了 500kg，加上头季稻产量 700kg，周年亩产达到 1 200kg。

五、信息智能化技术逐步应用

目前，湖北省积极推进“农业 +”业态融合，加快数字化智能化建设。《湖北省人民政府关于印发湖北省数字政府建设总体规划（2020—2022 年）》指出，要加强数字化农业建设，大力发展数字农业，鼓励对农业生产进行数字化改造，加强农业遥感、农业人工智能、区块链技术、物联网应用，挖掘数据价值，提高农业精准化水平，深入实施数字农业助推乡村振兴战略。在相关政策的支持下，湖北省水稻生产的智慧化程度不断提升。

湖北省智慧农场示范建设的首家试点单位——武汉永旺农产品专业合作社，2020 年开始智慧农场建设，短短几年时间，农场从播种、育秧、收割到生产包装，已基本实现全程机械化。通过给每个田块建立电子档案，加上具备气象数据、农机管理、飞巡管理、地势分析、设施管理等多种功能系统，形成了不同田块的精细化智能管理，每亩地节约成本 300 元。

浠水县禾溢园家庭农场常年种植双季稻 3 000 亩左右，2021 年被列为黄冈市首个智慧农场试验点。同年，引入了“物联网、移动物联网、3S、云计算”等技术，初步形成了无人农场的雏形。无人农场实施水稻生产轻简化生产，提高了田间生产效率，缩短了双季稻种植的农时茬口，确保了双季稻的稳产增收。以前农场每亩双季稻就要投入人力、设备 660 元左右，现在通过无人智慧农场，费用可以降到 280 元左右。

现阶段，水稻生产转型的动力越来越足，转型的步伐越来越快。面对转型，湖北省广大农民做出了积极响应，但是，随着转型的不断深入，转型带来的冲击会越来越强烈，水稻生产必将面临前所未有的挑战。

参考文献

卞瑞鹤, 2017. 解读化肥使用量零增长 [J]. 农村・农业・农民 (A 版) (3): 24–26.

蔡敬文, 汤路生, 江波, 2007. 湖南省水稻种植环节的机械化选择 [J]. 湖南农机, 181(11): 1–3, 5.

曹鹏, 段志红, 黄见良, 等, 2021. 湖北省水稻全产业链发展路径探析 [J]. 作物研究, 35(5): 450–453.

曹鹏, 张建设, 蔡鑫, 等, 2019. 关于推进湖北水稻产业高质量发展的思考 [J]. 中国稻米, 25(6): 24–27, 35.

陈静, 唐振闯, 程广燕, 2020. 我国稻谷口粮消费特征及其趋势预测 [J]. 中国农业资源与区划, 41(4): 108–116.

陈玲, 范先鹏, 黄敏, 等, 2022. 江汉平原稻虾轮作模式地表径流氮、磷流失特征 [J]. 农业环境科学学报, 41(7): 1520–1530.

陈为, 朱小娇, 2020. 浅析我国南方农业面源污染现状与治理对策 [J]. 中国资源综合利用, 38(4): 133–136.

褚世海, 李儒海, 顾琼楠, 等, 2021. 湖北省主要水稻产区农药施用现状调查 [C]// 病虫防护与生物安全——中国植物保护学会 2021 年学术年会论文集 :164.

戴志刚, 鲁明星, 2016. 湖北省肥料资源现状及化肥控施对策与建议 [J]. 中国农技推广, 32(1): 44–47.

窦为民, 2016. 杂交水稻种业现状与发展对策 [J]. 农技服务, 33(5): 52.

费震江, 董华林, 武晓智, 等, 2013. 湖北省再生稻发展的现状及潜力 [J]. 湖北农业科学, 52(24): 5977–5978, 6002.

高春庭, 2016. 永丰县常规稻种植回暖原因及应对措施 [J]. 科学种养, 129(9): 14–15.

高珍冉, 2018. 稻田水分感知与智慧灌溉关键技术研究 [D]. 南京: 南京农业大学.

郭子平, 谢原利, 徐荣钦, 等, 2020. 湖北省推进农药减量使用的实践与思考 [J]. 中国植保导刊, 40(2): 76–79.

何可, 宋洪远, 2021. 资源环境约束下的中国粮食安全: 内涵、挑战与政策取向 [J]. 南京农业大学学报 (社会科学版), 21(3): 45–57.

何雄奎, 2022. 高效植保机械与精准施药技术进展 [J]. 植物保护学报, 49(1): 389–397.

胡琼瑶, 黄国源, 2015. 春露联合社: 一年赚 3 亿 [J]. 农机科技推广 (4):66.

湖北日报, 2018. "优质粮食工程" 显成效 从 40% 到 90% 湖北优质稻种植率翻番 [EB/OL]. https://news.hbtv.com.cn/p/1626786. html.

湖北日报, 2022. 让田间地头结满"科技果实"! 湖北省农业科技进步贡献率超 63%, 10 年提高近 8 个百分点 [EB/OL]. http://news.sohu.com / a/581868616_362042

湖北省农业农村厅, 2022. 2022 年湖北省水稻生产工作指导意见 [EB/OL]. https://www.ntv.cn/folder528/folder861/folder932/ 2022 –03–03/ vzxSpscfSV4eLhYx.html

湖北省统计局, 2022. 湖北统计年鉴 [M]. 北京: 中国统计出版社.

湖北之声, 2022. 一粒米里的湖北文章 | 湖北打造优质稻米产业链纪实 [EB/OL]. https://mp.weixin.qq.com/s?__biz=MjI2MDE0 Mzc0MA==&mid=2657052162&idx=4&sn=2b232f859feb8e69f39eeb46e10f927d&chksm=b5233f118254b60795af56c069a32e00ebb018219aa3938179558a7e9f4415bfc755a495429a&scene=27.

黄陂区融媒体中心, 2022. 科技赋能"汗水农业" 变"智慧农业" [EB/OL]. http://www.huangpi.gov.cn/ywdt/jxdt/202204/t20220419_195 8184.html

荆楚网, 2022. 浠水打造黄冈首个智慧农场试验点 解锁种田"新姿势" [EB/OL]. https://baijiahao.baidu.com/s?id=1739408146027 942784&wfr =spider&for=pc.

李建平, 王佳佳, 李俊杰, 2021. "后疫情时代" 我国水稻产业发展的思考 [J].

中国农业资源与区划, 42(6): 1–5.

李剑军, 2022. 让小农户坐上“现代农业快车”——荆门农业社会化服务组织观察[EB/OL]. 湖北日报. https://rmh.pdnews.cn/Pc/Art InfoApi / article?id=31700539.

李志明, 2019. 黄梅县“袁夫稻田”成了“网红”打卡地[EB/OL]. http://www.xianzhaiwang.cn/news/huanggang/614266.html.

梁玉刚, 李静怡, 周晶, 等, 2022. 中国水稻栽培技术的演变与展望[J]. 作物研究, 36(2): 180–188.

廖长林, 熊桉, 2015. 湖北省种植业新型经营主体发展与规模经营研究[J]. 湖北社会科学 (11): 60–66.

林文雄, 陈鸿飞, 张志兴, 等, 2015. 再生稻产量形成的生理生态特性与关键栽培技术的研究与展望[J]. 中国生态农业学报, 23(4): 392–401.

凌启鸿, 2010. 水稻精确定量栽培原理与技术[J]. 杂交水稻, 25(S1): 27–34.

凌启鸿, 张洪程, 戴其根 ,2005. 水稻精确定量施氮研究[J]. 中国农业科学 (12): 2457–2467.

凌启鸿, 张洪程, 丁艳锋, 等, 2007. 水稻高产精确定量栽培[J]. 北方水稻 (2): 1–9.

刘洪银, 2011. 我国农村劳动力非农就业的经济增长效应[J]. 人口与经济, 185(2): 23–27, 51.

刘全科, 2020. 新型农业经营主体迅速发展的当下, 湖北省的做法值得借鉴学习[EB/OL]. https://www.sohu.com/a/436542669 _362577

刘少华, 2020. 中国粮食 中国饭碗[J]. 粮食科技与经济, 45(4): 9–11.

刘守英, 2020. 中国农业的转型与现代化[J]. 山东经济战略研究 (7): 41–43.

罗昆, 2016. 湖北省再生稻产业发展现状及对策[J]. 湖北农业科学, 55(12): 3001–3002.

罗锡文, 廖娟, 臧英, 等, 2022. 我国农业生产的发展方向: 从机械化到智慧化[J]. 中国工程科学, 24(1): 46–54.

米国华, 霍跃文, 曾爱军, 等, 2022. 作物养分管理的农机农艺结合技术研究进

展 [J]. 中国农业科学 , 55(21): 4211–4224.
彭少兵 , 2008. 论新时期作物栽培管理在全球水稻增产中的作用 [J]. 作物研究 , 22(4): 207–208.
彭少兵 , 2014. 对转型时期水稻生产的战略思考 [J]. 中国科学 : 生命科学 , 44(8): 845–850.
彭少兵 , 2016. 转型时期杂交水稻的困境与出路 [J]. 作物学报 , 42(3): 313–319.
彭扬 , 2020. 粮稳 , 民安 [J]. 科学大观园 (10): 1.
邱照宁 , 晏清洪 , 王建忠 , 等 , 2016. 水稻田精准节水灌溉全自动控制系统研究 [J]. 科技创新与应用 , 173(25): 23–25.
涂军明 , 李景润 , 皮楚舒 , 等 , 2016. 黄冈市再生稻生产现状、问题及适度发展建议 [J]. 湖北农业科学 , 55(13): 3276–3279, 3284.
万丙良 , 游艾青 , 2018. 湖北水稻种植业发展对策思考 [J]. 农业科技管理 , 37(2): 56–59, 66.
汪本福 , 张枝盛 , 李阳 , 等 , 2018. 新形势下湖北粳稻发展现状、存在问题及发展思路 [J]. 中国稻米 , 24(5): 93–95.
王红玲 , 2013. 农业经营体制创新问题思考 [J]. 团结 (1): 35–38.
王苏影 , 熊清云 , 祝飞 , 等 , 2015. 肥料运筹对再生季稻产量的影响 [J]. 安徽农业科学 , 43(22): 42–43.
王文彬 , 2016. 农村人口空心化背景下三农新困境与对策研究 [J]. 农业经济 , 354(11): 64–66.
王雅鹏 , 王薇薇 , 吴娟 , 2011. 我国粮食安全的热点问题辨析 [J]. 农业现代化研究 , 32(1):6–10.
王志强 , 唐海鹰 , 闻熠 , 等 , 2022. 长江中游地区稻田生态系统服务功能价值评估研究进展 [J]. 华中农业大学学报 , 41(6): 89–100.
吴润 , 戴志刚 , 吴忠验 , 等 , 2022. 湖北省化肥减量现状与思考 [J]. 中国农技推广 , 38(6): 71–73.
夏青 , 2020. 农业步入“智慧时代” [J]. 农经 (9): 18–30.
徐春春 , 李凤博 , 周锡跃 , 等 , 2012. 提高水稻氮肥利用率及效果研究进展 [J].

浙江农业科学 (1): 98–101.
徐得泽 , 程航 , 游艾青 , 等 , 2010. 湖北省高档优质稻产业化研究 [J]. 现代农业科技 , 538(20): 114–115.
杨萍 , 李伟 , 应晓妮 , 2020. 建设长三角生态绿色一体化发展示范区 [J]. 全球化 , 107(6): 93–105, 136.
殷一博 , 2019. "拐点" 之际的农业劳动力深层次转移思考 [J]. 理论界 (8): 42–49.
尹娟 , 2020. 物联网驱动的智慧农业精细种植系统的设计与开发 [J]. 金陵科技学院学报 , 36(1): 88–92.
袁定平 , 2020. 中化农业 MAP 农场成为我市优质粮食生产的示范标杆 [EB/OL]. 枝江融媒 . http://zhijiang.cjyun.org/p/18724.html.
张琛 , 彭超 , 毛学峰 , 2022. 非农就业、农业机械化与农业种植结构调整 [J]. 中国软科学 (6): 62–71.
张洪程 , 龚金龙 , 2014. 中国水稻种植机械化高产农艺研究现状及发展探讨 [J]. 中国农业科学 , 47(7): 1273–1289.
张洪程 , 胡雅杰 , 杨建昌 , 2021. 中国特色水稻栽培学发展与展望 [J]. 中国农业科学 , 54(7): 1301–1321.
赵正洪 , 戴力 , 黄见良 , 等 , 2019. 长江中游稻区水稻产业发展现状、问题与建议 [J]. 中国水稻科学 , 33(6): 553–564.
郑红明 , 2021–11–16. 2021 年中国稻谷 (大米) 产业报告 [N]. 粮油市场报 (T10).
郑文钟 , 陈丽妮 , 洪一前 , 2018. 水稻生产"机器换人" 省工节本估算方法及其应用 [J]. 现代农机 (1): 20–25.
周锐 , 2022. 小学生徒步 1 公里跨区"看种田", 全班 10 个同学长大想当农民 [EB/OL]. https://baijiahao.baidu.com/s?id=1732812560 686555985&wfr=spider&for=pc.
周岩 , 韩松妍 , 2021–10–06. 我国粮食安全取得六项巨大成就 [EB/OL]. 中国食品报网 . http://www.cnfood.cn/article?id=1445309842851991554.

周长建, 宋佳, 向文胜, 2022. 人工智能在农药精准施药应用中的研究进展 [J]. 农药学学报, 24(5): 1099–1107.
朱波, 曹鹏, 周勇, 等, 2021. 试论稻虾综合种养模式与水稻可持续发展: 以湖北省为例 [J]. 作物研究, 35(5): 474–478, 537.

第三章　转型期湖北水稻产能提升

水稻产能是指稻作生产能力，是自然资源要素和经济资源要素合理配置，以及相适应的耕作水平的综合体现。水稻生产转型，给产能提升提出了挑战。这一挑战，就是要适应转型期新的生产方式和资源环境约束，确保“藏粮于地、藏粮于技”国家粮食产能战略的实现。水稻产能提升，有外延式增长和内涵式增长两条路径。现阶段，走外延式提升水稻产能的路子，依靠扩大水田面积，提升产能不现实；依靠改良品种提高单产，增加总产，一时还难以突破；依靠精耕细作提升产能，增加劳动力基本行不通；依靠加大物质投入提升产能，又受到资源、环境约束的限制。外延式提升水稻产能的空间越来越小。在这里，结合湖北水稻生产转型的特点，着重分析水稻生态区系统内产能潜力，向系统要产能，走内涵式发展的路子，由依赖要素投入驱动转向系统创新驱动，充分利用生态系统内光、温、水、土、气等自然资源，合理配置各种生产要素，全面依靠科技进步，在产能发挥不充分、不平衡中挖掘潜力，实现水稻产能提升。

第一节　湖北水稻产量的时空演变

在进行水稻产量时空演变分析时，主要分析了新中国成立以来湖北省水稻种植面积、种植结构、单产和总产的变化；按行政区域分析了水稻产量的空间变化。

一、水稻产量的时间变化

1. 面积变化

根据国家统计局 1950—2020 年的统计数据（图 3–1），湖北省水稻种植面积，从新中国成立初期的 2 700 万亩左右快速增长到 70 年代中期的 4 600 万亩左右，此后，南方稻区把不适宜种植双季稻的稻田调整为种植一季中稻，水稻播种面积有所减少。随后，由于种植水稻比较效益低，又减少到 2003 年的 2 700 万亩，恢复到了新中国成立初期的水稻种植面积。之后，则缓慢增长到目前的 3 500 万亩左右。

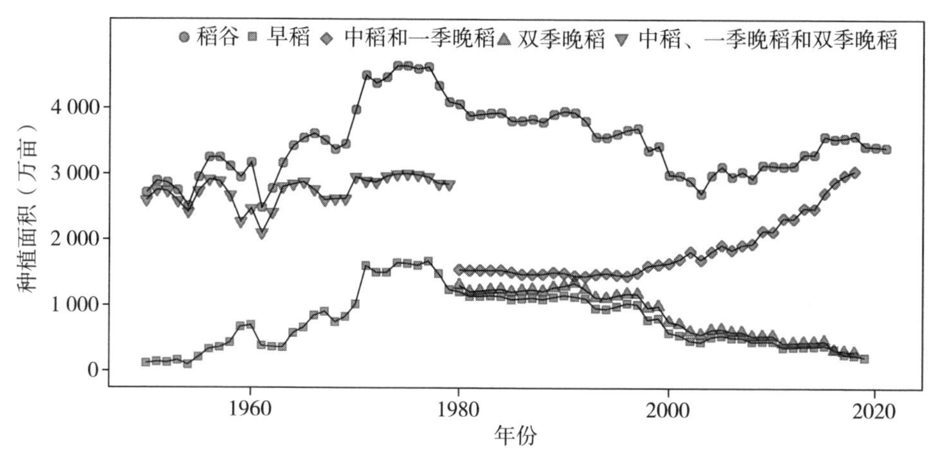

图 3–1 湖北省 1950—2020 年水稻种植面积的变化
（数据来自：中国统计年鉴）

1950 年至 21 世纪初期，早稻种植面积同水稻总种植面积趋势一致，不同的是早稻的种植面积下降迅速，到现在仅 120 万亩左右。1950—1979 年，中稻、一季晚稻和双季晚稻的种植面积，增加了 255 万亩。1980 年到 20 世纪末，中稻和一季晚稻的种植面积稍微有所减少，之后则快速上升到当前的

3 000 万亩左右，中稻和一季晚稻的种植面积已经占到水稻总种植面积的 87% 左右。1980—2020 年，双季晚稻的种植面积与同时期早稻的种植面积变化趋势基本一致。

2. 单产变化

根据国家统计局 1950—2020 年的统计数据（图 3-2），湖北省水稻单产从 1950 年的 180kg/ 亩增加到 2020 年的 545kg/ 亩，其中 20 世纪 80 年代的增长速度最快。

早稻单产从 20 世纪 50 年代初期的 133kg/ 亩增加到 20 世纪 90 年代初期的 380kg/ 亩，之后便基本稳定。新中国成立后，由于水稻栽培制度的改革和相关配套措施的落实，早稻单产和种植面积均在增加，尤以早稻的单产增加明显。中稻、一季晚稻和双季晚稻单产处于波动增长状态。中稻和一季晚稻的单产从 1980 年的 313.5kg/ 亩迅速增加到 1997 年的 598.8kg/ 亩，20 世纪初略微下降，2010 年后又有所回升。

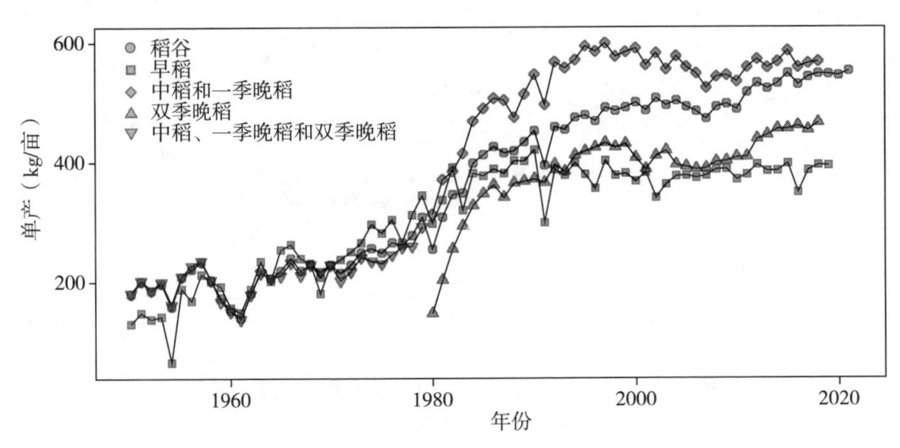

图 3-2　湖北省 1950—2020 年水稻单产的变化
（数据来自：中国统计年鉴）

3. 总产变化

根据国家统计局 1950—2020 年的统计数据（图 3-3），湖北省水稻总产从 1950 年的 488.3 万 t 增加到 1997 年的 1 818 万 t，但到 21 世纪初下降到

1 437 万 t，近几年总产量回升到 1 870 万 t 左右，处于历史最高纪录。

早稻总产从 1950 年的 15.2 万 t 增加到 1976 年的 490 万 t 的历史最高点后，直到 1990 年处于停滞状态，之后便一直波动下降到 2020 年的 68.3 万 t。1950—1979 年的中稻、一季晚稻和双季晚稻的综合总产处于波动增加状态。之后，中稻和一季晚稻的总产从 1980 年一直增加到 2020 年。其中，21 世纪初期增长速度最快。双季晚稻的总产从 1980 年的 193.0 万 t 缓慢增加到 1997 年的 508.8 万 t 到达最高点后，到 2020 年下降到 108.7 万 t。

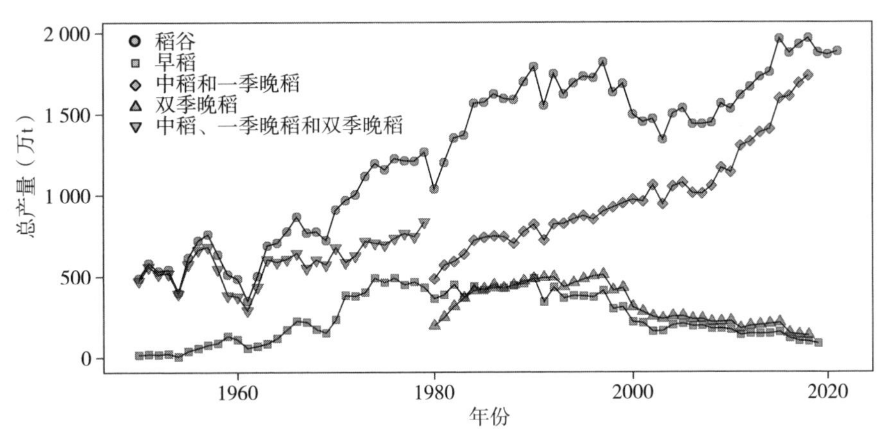

图 3-3　湖北省 1950—2020 年水稻总产量的变化
（数据来自：中国统计年鉴）

二、水稻产量的区域变化

1. 面积分布

湖北省近些年的水稻种植以江汉平原、鄂东南和鄂中北地区较多，尤以荆州市最多，约为 307 万亩，鄂西北和鄂西南由于多山的地理原因导致其种植面积最少，神农架林区的种植面积最少，只有 0.05 万亩左右（图 3-4）。

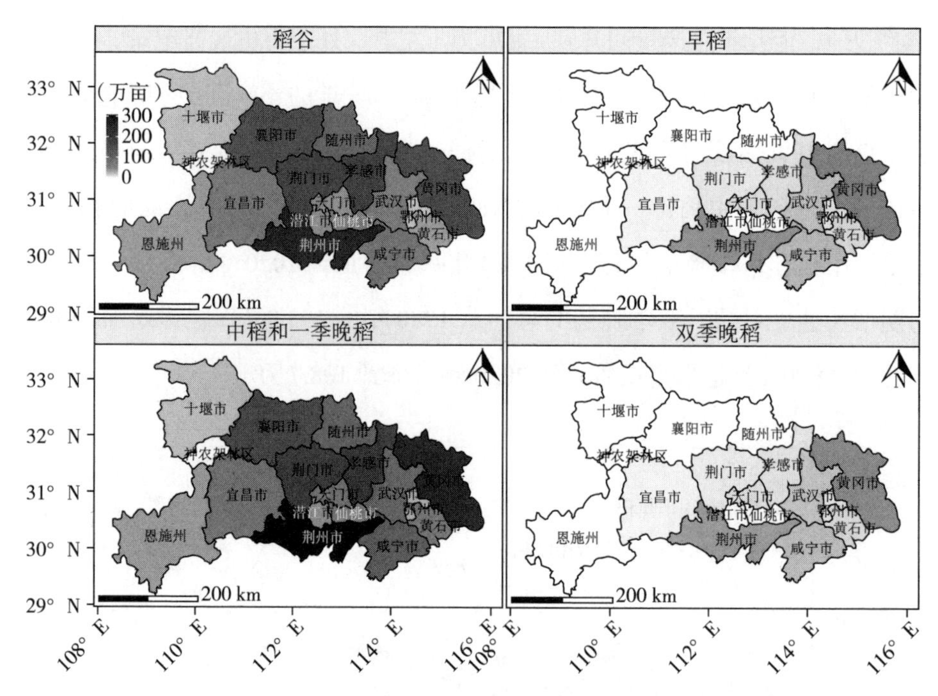

图 3-4　湖北省水稻种植面积的分布
（数据来自：湖北农村统计年鉴）

湖北省的水稻种植以中稻和一季晚稻为主，占总稻谷种植面积的 81.7%，早稻和双季晚稻的种植面积占比较少，且鄂中北、鄂西北、鄂西南的恩施土家族苗族自治州和江汉平原的少部分地区没有早稻和双季晚稻的种植。

根据《湖北农村统计年鉴》1992—2022 年的统计数据（图 3-5），这 30 年间荆州市、黄冈市、孝感市、荆门市、襄阳市和咸宁市六市的水稻种植面积为 1 848 万～3 068 万亩，占全省种植面积的 63.8%～80.0%，其中 2020 年的水稻种植面积为 2 428 万亩，占 71.0%。1991—2003 年，除了荆门市的水稻种植面积在 1996 年迅速增加了 155.6 万亩然后缓慢下降外，其他五市的种植面积均不同程度的在减少，尤其是荆州市，从 1991 年的 1 152 万亩迅速下降到 2003 年的 448.2 万亩，减少了 61.1% 的种植面积。2004 年以后，六市的水稻种植面积有所增加并逐渐趋于稳定，近 5 年的种植面积占到湖北省的 70%～71%。

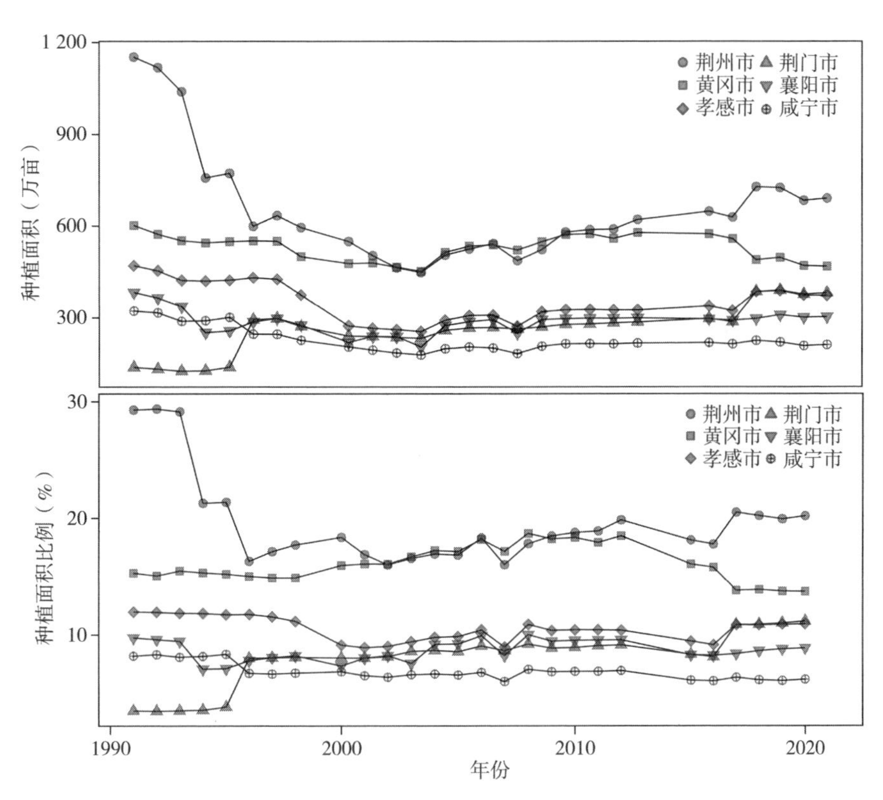

图 3-5　湖北省主要地市州水稻种植面积和全省占比
（数据来自：湖北农村统计年鉴）

2. 单产分布

根据《湖北农村统计年鉴》2016—2020 年的统计数据（图 3-6），湖北省水稻单产以鄂中北和江汉平原的部分地区较高，尤以襄阳市最高，为 613.3kg/ 亩，鄂东、鄂东南和鄂西南地区的单产较低，神农架林区的单产最低，约为 431.7kg/ 亩。从早稻、中稻和一季晚稻以及双季晚稻的单产分布图可以看出，鄂东和鄂东南地区单产较低的原因的在于早稻和双季晚稻的单产较低。

近 30 年，荆州市、黄冈市、孝感市、荆门市、襄阳市和咸宁市六市水稻单产的变化趋势：2003 年之前，为先增加后减少的趋势，其中襄阳市和荆门市的变化程度较大，于 1998 年达到最高点，分别为 788.1kg/ 亩和 714.3kg/ 亩（图 3-7）；2003 年之后，襄阳市和荆门市的单产呈先增加后减少的趋势，荆州市和孝感市的单产呈缓慢减少的趋势，黄冈市和咸宁市的单产呈波动增加的趋势。近5年六市的单产趋于稳定。

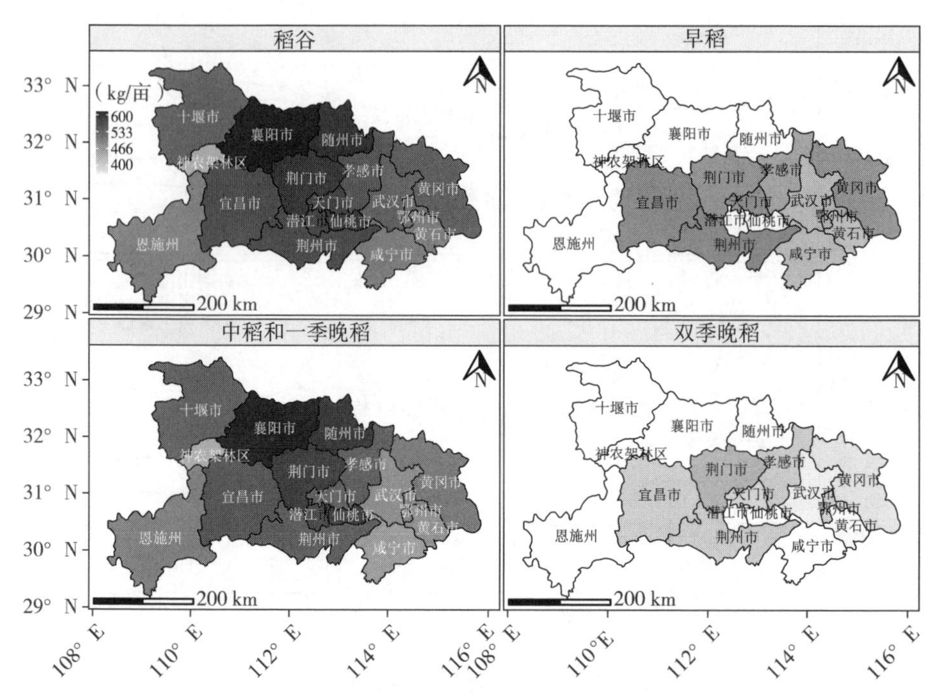

图3-6 湖北省2016—2020年水稻单产的分布
（数据来自：湖北农村统计年鉴）

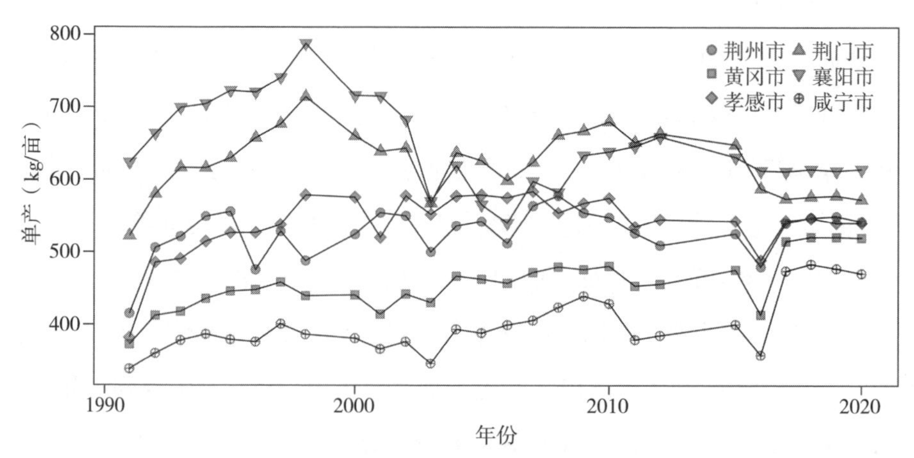

图3-7 湖北省主要地市州水稻单产情况
（数据来自：湖北农村统计年鉴）

3. 总产分布

根据《湖北农村统计年鉴》2016—2020 年的统计数据（图 3-8），湖北省水稻总产约 1 848 万 t，其分布与种植面积的分布情况一致，以江汉平原和鄂东南地区最高，荆州市的总产最高，达到 370 万 t 左右，鄂西北和鄂西南由于种植面积最少且单产较低。中稻和一季晚稻的总产约 1 585 万 t，其分布与水稻种植面积的分布基本一致。各地市早稻和双季晚稻的总产均较低，介于 0.1 万～ 46.4 万 t。

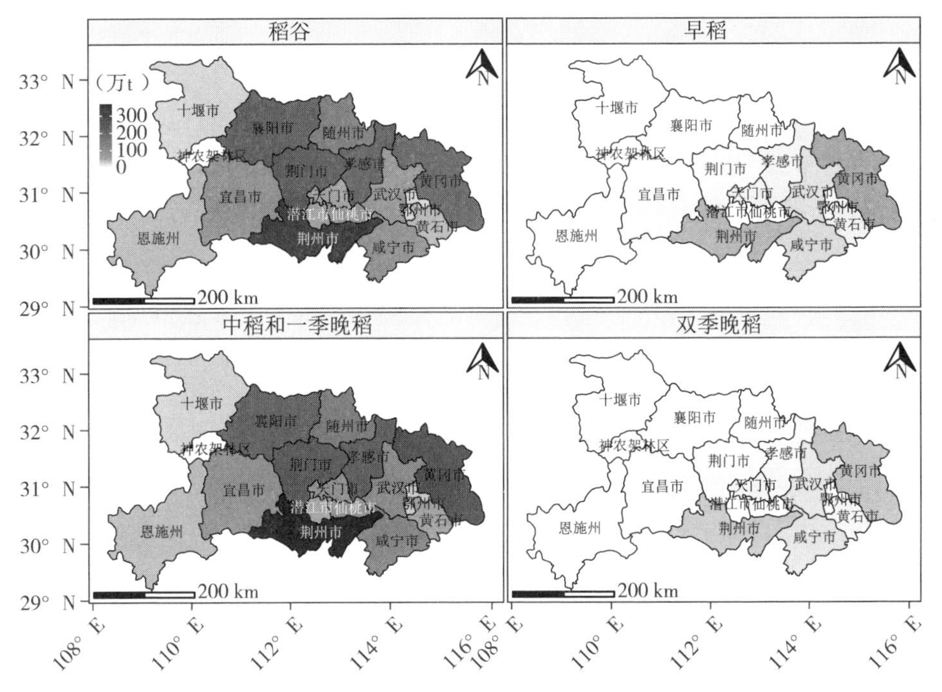

图 3-8　湖北省 2016—2020 年水稻总产的分布
（数据来自：湖北农村统计年鉴）

近 30 年，荆州市、黄冈市、孝感市、荆门市、襄阳市和咸宁市六市，水稻总产量的变化趋势与种植面积基本一致。30 年间六市水稻总产量为 869.6 万～ 1 455 万 t，占全省总产量的 59.4% ～ 86.5%，其中 2021 年的稻谷总产量为 1 339 万 t，占 71.1%，这与六市种植面积的占比一致（图 3-9）。1991—

2003 年，除了荆门市的稻谷总产量在 1996 年迅速增加了 106.1 万 t 然后缓慢下降外，其他五市的总产量均不同程度地减少，尤其是荆州市，从 1992 年的 565.5 万 t 迅速下降到 2003 年的 224.2 万 t，产量减少了 60.4%。2004 年以后，六市的稻谷总产量有所增加并逐渐趋于稳定，近 5 年六市的总产占到湖北省的 71% 左右。

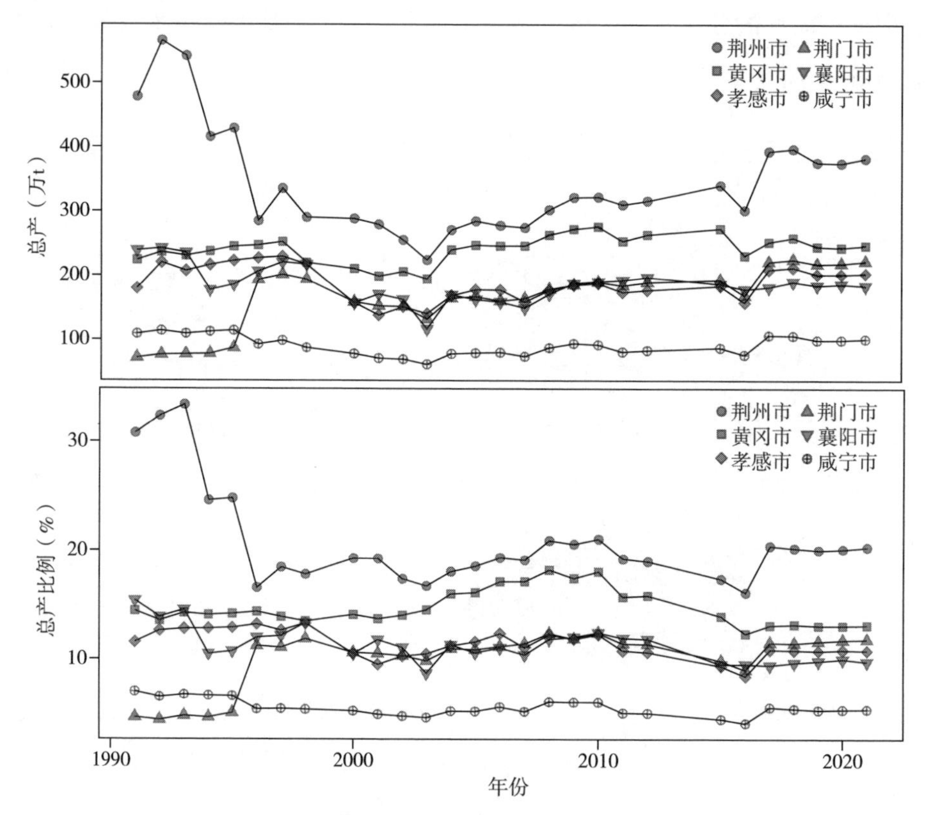

图 3-9 湖北省主要地市州水稻总产和全省占比
（数据来自：湖北农村统计年鉴）

从对湖北省水稻生产产量的时空演变分析中可以看出，种植面积和耕地质量与水稻产量呈显著的正相关。技术进步能提高水稻产能。早晚稻的面积与湖北省水稻产能密切相关，但对水稻产能的影响日益减弱；进入 21 世纪，中稻和一季晚稻对于水稻的稳产高产作出了重要贡献。

第二节　湖北水稻产能分析

湖北省地处我国“黄金水稻带”长江流域的中部，同时还是南北稻区的过渡地区，水稻生产资源非常丰富，土壤肥沃，土层深厚，加上亚热带大陆性季风气候，四季分明，雨量充沛，适宜水稻生长，是水稻生产的优势区。水稻产能表现出明显的光温基础性、区域差异性和年际波动性特征。

一、光温基础性

水稻生产基础性产能，是指特定稻作生态区温光等自然资源所赋予的理论产能。实际生产产量是由基础性产能决定的，两者之间是有差别的。这种差别主要取决于温光利用率、水土条件、生产投入和栽培管理。

1. 湖北气象资源的区域划分

根据湖北气象资源，一般将湖北省分为鄂东北、鄂东南、鄂西北、鄂西南和江汉平原 5 个地区。

湖北省是北亚热带季风气候，具有亚热带朝着暖温带过渡的特点，绝大部分地区为季风性湿润气候，气候具有四季分明的特点。光能比较充足，多年的平均实际日照时数由鄂东北向鄂西南递减，鄂北、鄂东北地区最多，鄂西南地区最少；夏季多冬季少，春、秋则因地区差异而不同。

湖北省热量较为丰富，春季温度变化大，夏季天气炎热，秋季温度下降迅速，冬季大部分地区较冷。其中，1 月最冷，7 月最热。无霜期长，雨热同期，降水量大，利于水稻生长。降水量南多北少，季节性规律显著，多是夏季雨量多强度大，冬季降水量最少。受地形影响，神农架南部等地为多雨中心地区。中南部的江汉平原降水量大，梅雨期长，易发生洪涝灾害，小气候变化大，温度差异十分明显。

2. 湖北不同区域温光变化趋势

近50年来，湖北的平均气温、最低气温与最高气温都呈显著上升的趋势，增暖速率为0.18℃/10年，并伴随着较明显的年代变化特征（图3-10）。1993年以前大多年份较常年偏低，之后出现明显的上升趋势，大多年份较常年偏高。2018年，湖北省平均气温为17.1℃、平均最高气温和最低气温为22.1℃和13.5℃。

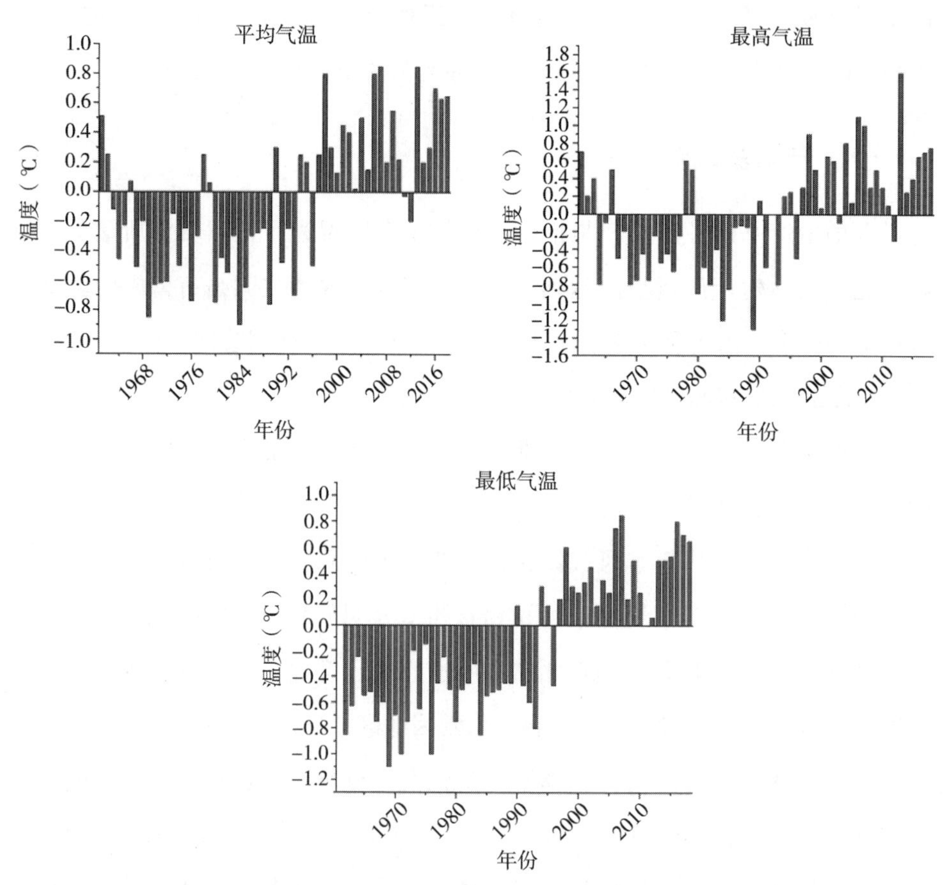

图3-10　1961—2018年湖北省年平均、最高、最低气温距平逐年变化
（湖北省气象局：湖北省气候变化监测公报，2018）

湖北省平均气温分区监测结果显示（图3-11），1961—2018年，江汉平原平均气温上升速率最大，达0.27℃/10年；鄂东南、鄂东北和鄂西北增温

速率分别为0.22℃ /10年、0.20℃ /10年和0.11℃ /10年；鄂西南增温速率为0.10℃ /10年，是湖北省增温速率最小的区域。

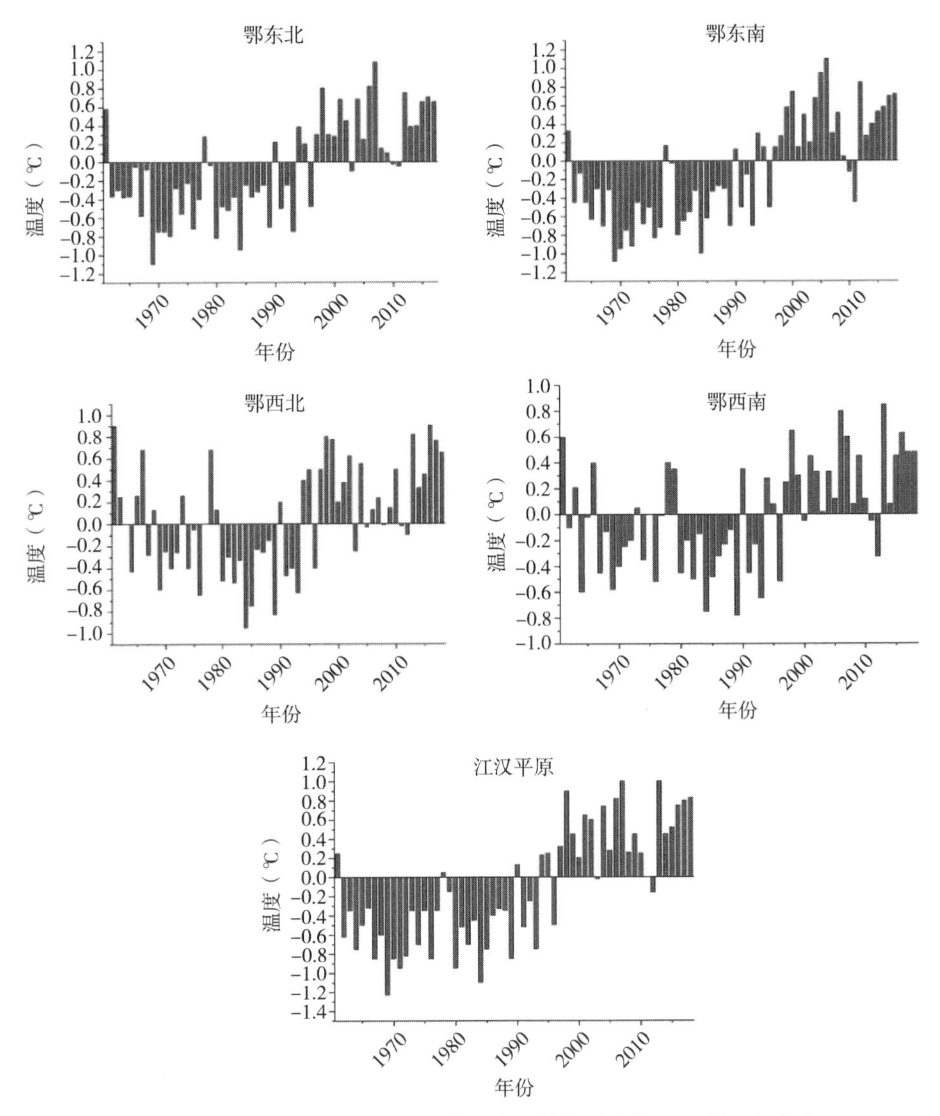

图3-11　1961—2018年湖北省5个区域年平均气温距平逐年变化
（湖北气象局：湖北省气候变化监测公报，2018）

1961—2018年，湖北省平均太阳年总辐射量趋于减少，且阶段性变化明显。20世纪60—70年代，湖北省平均太阳年总辐射量总体上处于较多阶段，且年际变化较大；20 世纪 80 年代以来，总辐射量处于较少阶段，年际变化也较小。湖北省平均太阳年总辐射量最大值出现在 1978 年，达 1 252kW · h/m^2（图 3-12）。

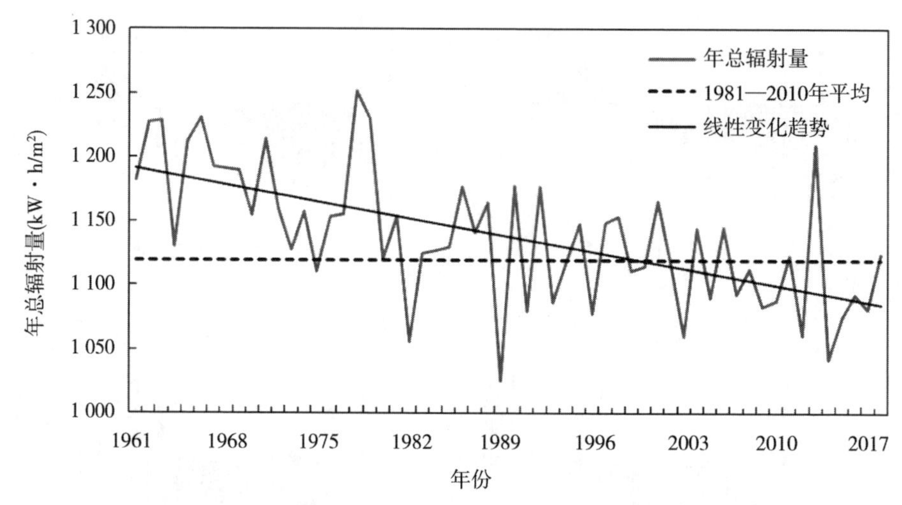

图 3-12　1961—2018 年湖北平均年总辐射量逐年变化
（湖北省气象局：湖北省气候变化监测公报，2018）

鄂西北北部、鄂东北中部地区的年总辐射量超过 1 200kW · h/m^2，是湖北省太阳能资源最为丰富的地区；鄂西南南部、江汉平原和鄂东北大部地区为 1 150 ～ 1 200kW · h/m^2，太阳能资源较丰富；鄂西南北部、江汉平原和鄂东南部分地区为 1 100 ～ 1 150kW · h/m^2，鄂西南南部地区不足 1 000kW · h/m^2，为太阳能资源一般区。

3. 水稻光温生产潜力

光温生产潜力是指在一定的温度条件下，在水分、土壤、品种和其他农业技术条件都处于最佳状况时，充分利用太阳光能，水分条件基本满足情况下，考虑了当地实际的温度情况，由自然光照、温度条件所决定的作物生产潜力，是灌溉农业产量上限，用来修正光合生产潜力。

通过在农作物生长的最适温度、最低温度和最高温度的基础上三基点模型，计算得到作物光温生产潜力。湖北省水稻光温生产潜力在 800 ～ 1 800kg/

亩。光温生产潜力最高值出现在鄂东沿江平原岗地区东部的蕲春、武穴，鄂中南平原区洪湖、仙桃，鄂东北丘陵的麻城、英山等地，范围在 1 600 ～ 1 800kg/ 亩。其次是鄂西北山区北部，鄂中丘陵岗地区、鄂中南平原区、鄂东南丘陵的大部分地区，范围在 1 400 ～ 1 600kg/ 亩。光温生产潜力中等值在湖北省西部的鄂西北山区南部的房县、竹溪等，鄂西南山区东部，神农架自然保护区，鄂中丘陵西部的钟祥等部分地区，范围在 1 200 ～ 1 400kg/ 亩。光温生产潜力较低值在神农架和鄂西南山区的南部五峰、鹤峰等地，范围在 1 067 ～ 1 200kg/ 亩。光温值最低值在鄂西南山区西部的利川、咸丰等地，范围在 800 ～ 1 000kg/ 亩。在平均气温逐年增加下，鄂东北、江汉平原和鄂东南 3 个区域的光温生产潜力较高。

4. 湖北水稻增产潜力的区域

温光资源是影响水稻增产最重要的因子，此外，耕地、灌溉、施肥、社会生产等因素也会影响水稻的增产潜力。2015 年，华中农业大学对光合、光温、气候、耕地、灌溉、施肥、社会生产 7 种生产潜力，进行叠加和数据库的融合，将湖北省中稻增产潜力区域划分为 5 个等级。

一等区：主要分布在鄂东北丘陵低山区东部的麻城、英山等；鄂东沿江平原岗地区的大部分地区，如新洲、团风、武穴等；鄂中南平原区东南部地区的监利、洪湖等县（市、区）。该区具有最优越的自然和社会资源，光合、光温、气候、耕地、灌溉、施肥和社会生产潜力处于湖北省最高水平，自然因素下（包括光合、光温、气候、耕地）的生产潜力均值在 1 067kg/ 亩以上；增产潜力在 533kg/ 亩以上；增产空间在 50% 以上。社会条件下（包括灌溉、施肥和社会）的生产潜力均值在 800kg/ 亩以上；增产潜力在 267kg/ 亩以上；增产空间在 35% 以上。

二等区：主要分布在鄂中丘陵岗地区东南部的京山、云梦等地；鄂东北丘陵低山区西部的广水、大悟、红安；鄂东北丘陵的罗田；鄂东沿江平原岗地区南部的小部分地区，如大冶的南部等地；鄂东南丘陵低山的大部分地区，如通城、通山等；鄂中南平原区的松滋、公安等。该区自然和社会资源优越，光合、光温、气候、耕地、灌溉、施肥和社会生产潜力处于湖北省高水平，自然因素下的生产潜力均值在 933kg/ 亩以上；增产潜力在 367kg/ 亩以上；增产空间在 39% 以上。社会条件下的生产潜力均值在 733kg/ 亩以上；增产潜力在 173kg/ 亩以上；增产空间在 23% 以上。

三等区：主要分布在鄂北岗地老河口、襄阳、枣阳的部分地区；鄂中丘陵岗地的大部分地区，如宜城、荆门等地的县（市、区）；鄂西南山区秭归、宜都等部分地区；鄂西北山区的十堰、丹江口等地。该区自然和社会资源条件好，生产潜力大，光合、光温、气候、耕地、灌溉、施肥和社会生产潜力处于湖北省较高水平，自然因素下的生产潜力均值在 733kg/ 亩以上；增产潜力在 260kg/ 亩以上；增产空间在 32% 以上。社会条件下的生产潜力均值在 600kg/ 亩以上；增产潜力在 93kg/ 亩以上；增产空间在 15% 以上。

四等区：主要分布在鄂西北山区南部的竹溪、保康等地；鄂西南东部的巴东、建始等地。该区自然和社会资源生产潜力略差，光合、光温、气候、耕地、灌溉、施肥和社会生产潜力都不高，自然因素下的生产潜力均值在 667kg/ 亩以上；增产潜力在 253kg/ 亩以上；增产空间在 35% 以上。社会条件下的生产潜力均值在 533kg/ 亩以上；增产潜力在 100kg/ 亩以上；增产空间在 18% 以上。

五等区：主要分布在神农架自然保护区；鄂西南山区西南的鹤峰、宣恩等地。该区自然资源、社会生产潜力都处于较差水平，自然因素下的生产潜力均值在 667kg/ 亩以上；增产潜力在 300kg/ 亩以上；增产空间在 42% 以上。社会条件下的生产潜力均值在 460kg/ 亩以上；增产潜力在 80kg/ 亩以上；增产空间在 16% 以上。

二、区域差异性

湖北水稻生态区，一般划分为鄂西南、鄂西北、鄂中北、江汉平原、鄂东南五大区域。90% 的水稻种植面积分布在鄂中北、江汉平原、鄂东南。各区域由于地理气候条件、水土资源、适宜种植面积等不同，水稻产能也有差异。

在这里，着重对湖北中稻和双季稻高、中、低产区进行分析。从表 3–1 可以看出，襄阳、随州、荆门市的中稻产量最高，达到了 560kg/ 亩以上。而黄石和咸宁的中稻产量最低，均在 530kg/ 亩以下。江汉平原大部分和鄂东南的黄冈地区处于中产区。

表 3–1　湖北省中稻产量差异

产区	产量	区域
高产区	＞ 560kg/ 亩	襄阳、随州、荆门
中产区	530 ～ 560kg/ 亩	荆州、仙桃、天门、宜昌、黄冈、十堰、孝感、潜江、鄂州、恩施、武汉
低产区	＜ 530kg/ 亩	黄石、咸宁

（数据来自：湖北农村统计年鉴，2021）

湖北省双季稻种植主要集中于荆门、孝感、宜昌、荆州、武汉、黄冈、黄石、天门、鄂州、咸宁等地。其中荆州和孝感属于早稻的高产区域，产量均在 400kg/ 亩以上，而鄂州和咸宁属于早稻的低产区，产量在 360kg/ 亩以下。早稻中产区主要集中于宜昌、荆州、武汉、黄冈、黄石、天门等地，产量在 360 ～ 400kg/ 亩（表 3–2）。

表 3–2　湖北省早稻产量差异

产区	产量	区域
高产区	＞ 400kg/ 亩	荆门、孝感
中产区	360 ～ 400kg/ 亩	宜昌、荆州、武汉、黄冈、黄石、天门
低产区	＜ 360kg/ 亩	鄂州、咸宁

（数据来自：湖北农村统计年鉴，2021）

晚稻的高产区则在荆州和宜昌，产量均在 470kg/ 亩以上，而咸宁和武汉的晚稻产量只有不到 430kg/ 亩，相差 40kg/ 亩以上。天门、黄冈、孝感、荆州、黄石等地的产量则在 430 ～ 470kg/ 亩（表 3–3）。

表 3-3 湖北省晚稻产量差异

产区	产量	区域
高产区	＞470kg/ 亩	荆州、宜昌
中产区	430 ～ 470kg/ 亩	天门、黄冈、孝感、荆州、黄石
低产区	＜430kg/ 亩	咸宁、武汉

（数据来自：湖北农村统计年鉴，2021）

以上分析可以看出，湖北省水稻的中高产区主要是在江汉平原、鄂中北和鄂东南的黄冈市，低产区主要是鄂东南的咸宁市。这些区域的产能相差较大，影响产能的限制因子也各不相同。

特别是鄂东南水稻生态区光温水资源，相比其他水稻生态区丰富，但是土壤条件差，水稻产能一直较低。处于鄂东南水稻生态区的咸宁市，新中国成立以来水稻单产一直低于湖北省平均水平；2007—2017 年，咸宁市中稻平均产量比湖北省平均低 111.6kg/ 亩，水稻平均产量比全省平均低 105.9kg/ 亩；如果及时解决影响咸宁市水稻产能的水土“冷、酸、黏、瘦、薄”等障碍因子，水稻单产达到全省平均水平，可释放产能 15.4 万 t，相当于湖北一个地级随州市的水稻产量（表 3-4）。这说明区域间平衡发展的潜力还是很大的。

表 3-4 咸宁市水稻单产水平与湖北省对比

年份	湖北（kg/ 亩）		咸宁（kg/ 亩）	
	中稻	稻谷	中稻	稻谷
2007	524.23	472.74	431.10	405.98
2008	542.89	492.79	443.94	423.98
2009	545.38	497.71	479.70	473.73
2010	534.78	488.86	458.24	429.06
2011	558.74	517.21	378.15	379.47
2012	571.98	532.43	486.39	385.16
2013	557.96	523.13	421.75	392.23
2014	568.02	531.82	443.56	390.29

续表

年份	湖北（kg/ 亩）		咸宁（kg/ 亩）	
	中稻	稻谷	中稻	稻谷
2015	586.32	548.65	432.86	400.40
2016	558.60	529.81	389.14	358.22
2017	565.27	542.54	521.00	474.21

（数据来自：湖北农村统计年鉴，2021）

三、年际波动性

水稻生态区系统内、外因素的变化，都会引起年际间产量波动。从湖北水稻总产的时空演变来看，新中国成立以来，水稻总产总体是上升的，但是年际间波动较大。除去极端灾害的年份，湖北省年际间产量波动一般在 10% 左右。湖北省水稻生产面临着多种生物逆境和非生物逆境，降水年际年内变化大，季节性缺水严重，洪涝、干旱时有发生，高温、低温等极端性天气增加，“三病（稻瘟病、纹枯病、稻曲病）三虫（稻飞虱、稻纵卷叶螟、二化螟）”危害较重，因灾导致的年际间产量波动较大。

1. 高温热害

水稻花期高温危害已成为湖北省水稻生产的主要因子之一。湖北省 7 月中旬至 8 月中旬常受副热带高压控制，容易出现持续高温天气，加上粮食主产区多为平原河谷、山间盆地地形，常会加重持续高温天气。而这一时期正是一季中稻抽穗扬花的关键期。近 50 年来，长江流域共发生 6 次重大水稻热害事件，其中 2003 年保守估计全流域受害面积就达 4.5 亿亩，损失 5180 万吨稻谷。2003 年夏季发生中稻高温危害时，从四川成都平原到南京地区的各主要产稻区几乎都有水稻高温不育导致严重减产的报道，不少品种大面积结实率降低到 50% 以下，损失惨重。湖北省最高气温呈上升趋势且多发生在一季中稻抽穗扬花期，使水稻受高温热害减产愈加严重，高温已成为危害湖北一季中稻安全生产的主要逆境之一。

湖北地区热害发生频率高值区主要位于鄂西南低山、鄂东南地区，低值区主要位于江汉平原大部。相较于1960—1989年，1990—2019年高温热害发生频率呈高值区范围扩大趋势，且扩大趋势由南部向中部发展。湖北各地区中稻花期高温热害发生频率虽均以轻度为主，但重度热害危害程度重、集中度高。

湖北省1960—1989年高温（≥30℃）持续日数平均高于4d，1990—2019年高温持续天数平均高于5d，说明随着气候持续变暖，高温持续天数有进一步延长的趋势，尤其是鄂东南地区。在未来全球气候变暖过程中，极端高温事件发生的可能性更高，影响范围广，持续时间长。受高温热害影响较大的主要是鄂西南低山和鄂东南等地区，该地区高温热害具有强度高、频率高、持续日数延长的特点。

江汉平原7—8月（中稻花期）一般高温危害天气的发生频次明显大于严重高温危害天气，20世纪60年代初的个别年份发生频次最高，一般高温危害天气高达9次，20世纪90年代以后，发生频次明显提高，没有发生的年份减少。从高温发生的时段分布来看，连续3d平均气温≥30℃主要发生在7月中下旬和8月上旬，其发生频次占7—8月总发生频次的68%，连续5d以上平均气温≥30℃同样发生在7月中下旬和8月上旬，占总发生频次的81%。

对中稻而言，鄂东地区和鄂西北岗地20%以上年份出现高温热害并导致减产3%以上，鄂西南东部、鄂西北大部、江汉平原及鄂东北部10%～20%的年份出现高温热害并导致减产3%以上；对早稻而言，鄂东地区和江汉平原有15%以上年份出现早稻高温热害并导致减产3%以上。

2. 低温冷害

低温冷害作为全球性自然灾害，是导致水稻减产的主要逆境之一。我国每年因冷害损失稻谷达50亿～100亿kg。水稻生长发育的各个时期均可能遭遇冷害：幼苗期遭遇低温会导致水稻出苗迟，分蘖慢，甚至死亡；孕穗期遭遇低温，则造成颖花减少，结实率降低，最终导致减产。湖北省双季稻生产，在早稻分蘖至幼穗分化期、双季晚稻抽穗扬花期易分别受到“五月寒”“寒露风”的胁迫，且灾害有明显增强趋势。鄂西北地区强度增强趋势最明显，发生范围由鄂西山区向江汉平原扩张，这种变化增加了湖北水稻生产的风险。近年来，双季稻低温冷害趋于减弱，但是阶段性、局地性的低温冷害仍有可能加重发生，且在变暖趋势下，一旦水稻遭受低温冷害，随之产生的影响则会更加严重，因而低温冷害的影响依然不容忽视。

鄂西北总体上属于低温冷害高敏感性地区，鄂西南则属于低敏感性地区。从盛夏冷害变化特征来看，不论是灾害发生概率，还是灾害强度，鄂西北地区在 20 世纪 80 年代以前属于比较安全的地区。但气候背景发生变化后，鄂西北地区灾害发生明显变频繁变强。

3. 洪涝灾害

洪涝灾害在湖北省夏季时有发生，是发生较频繁、危害较为严重的一种气象灾害，对水稻生产造成的经济损失较大。水稻耐涝能力较强，但如果被洪水长期淹没，仍然会大面积减产甚至绝收。洪涝灾害对水稻的影响是一个复杂过程，可分为完全淹没和部分淹没两种：前者是指植株完全被淹没，造成水稻生长完全缺氧对水稻生长发育的影响；后者是指植株的大部分营养叶被水淹没，造成低氧条件或部分缺氧条件对水稻生长发育的影响。

湖北省稻作区多湖泊洼地，地势平坦，是暴雨洪涝多发区，就自然灾害的风险来看，以水灾为主，其减产量占各地区灾害减产的 40%左右。同时气候变化导致的海平面上升和频繁的厄尔尼诺现象，导致该区暴雨频次呈现增长的趋势，潜在的洪涝灾害风险增大。湖北省的涝害在长江流域 7 个省市中最为严重，极端年份因旱涝灾害造成的直接损失少则几十亿元，多则数百亿元。

湖北省的洪涝灾害的多发区主要位于江汉平原，西北部和中北部是洪涝的低发区。20 世纪 60—70 年代洪涝灾害有所减少，而 80—90 年代洪涝呈现明显增多趋势，到21世纪初整体洪涝又相对减少。大部分地区在水稻移栽期至孕穗期的洪涝灾害发生明显增加，而抽穗—成熟期洪涝发生增加的区域则明显缩小。

近些年，湖北省水稻生长季降水发生明显变化，尤其是平原区域，夏季频发强降水，稻田易遭遇雨涝灾害。与此同时，湖北省“四湖流域”地处江汉平原腹地，据估计，“四湖流域”不同类型的涝渍地占总面积的39.4%，严重制约着当地的水稻生产。湖北省的洪涝每年都有发生，但发生的程度、范围、受灾面积以及成灾面积不同。

4. 干旱灾害

水稻是我国最重要的粮食作物，也是用水第一大户，其生产用水约占农业用水的70%。在过去10年中，全国平均每年农业灌溉缺水300亿m^3，受旱面积2 000万～2 600万hm^2，即使在水资源丰富的南方，每年也有160万～200万hm^2水稻因季节性干旱而严重减产。随着人口的增长、城镇化推进和工业的快速发展，以及全球气候的变化，用于农业灌溉的水资源越来越贫乏，严重威胁着水稻的发展。

湖北省境内有充沛的降水，但由于年内分配不均和年际变化较大，各地都有干旱发生，且干旱灾害的发生频率和强度明显增加，呈现出季节性、区域性、持续性、周期性和联发性等特点。湖北省自然降雨与蒸发量分布不同步，其降水常年约50%集中在4—6月，梅雨季节过后则处于副热带高压控制之下，气温高、雨量少并且蒸发量大，因此极易发生夏秋旱，而此时该地区中稻正处于抽穗扬花至灌浆期，晚稻处于分蘖后期至孕穗期，对水分十分敏感；此外，鄂中北岗地素有“旱包子”之称，长期季节性缺水。

近10年来，湖北省季节性干旱几乎年年发生，且呈现发生季节提前、持续时间延长、受灾面积扩大趋势。2011年和2013年出现了全省性特大旱灾。鄂西北、鄂北岗地、鄂中的西北部地区是湖北省年干旱日最多的地区，年干旱日110～131d，占一年总天数的1/3左右，干旱灾害损失也最重；长江三峡以南的鄂西南地区是湖北省降水资源丰富区，是干旱日最少的地区，年干旱日在 60 ～ 80d，占全年总天数的 1/5 左右；其他地区（包括鄂东南、鄂东北和江汉平原等地，即中东部地区）年干旱日 80 ～ 110d。此外，7—10 月是湖北省干旱日最多的月份，均接近或超过全月总天数的 1/3，4 个月干旱日之和占全年总干旱日的 44%。这一时期的干旱为湖北省典型的夏旱或夏秋连旱灾害。

5. 生物胁迫

湖北省水稻生产的主要病虫害为“三病、三虫”。“三病”分别为稻瘟病、稻曲病和纹枯病；“三虫”分别为稻飞虱、稻纵卷叶螟和二化螟。在局部地区还常见有水稻细菌性基腐病、南方水稻黑条矮缩病、恶苗病、稻秆潜蝇、大螟、三化螟、稻蓟马、稻水象甲等。总体来看，水稻病虫害持续发生，呈明显的生物灾害，给湖北省水稻生产带来了威胁。

综观湖北省稻飞虱、螟虫、稻瘟病等水稻重大病虫害灾变及防控工作，可以看出，重大病虫害灾变具有“流行性、暴发性、毁灭性”等特点，一旦防控不力，将会出现重大损失，直接影响粮食生产安全、生态环境和人类健康安全。同时，水稻重大病虫害灾变的频发，不仅反映出病虫害本身的问题，也反映了稻田生态系统的稳定性和抗干扰能力的弱化。

近 10 年来，受气候异常变化等因素的影响，水稻病虫害尤其是虫害极大地威胁了湖北省水稻生产安全。由于台风、阵雨频繁，导致“盛夏不热，晚秋不凉”，非常有利于稻飞虱的大量迁入和繁殖。2006 年湖北省水稻受特大虫灾影响，稻飞虱虫害发生面积达 3 000 万亩次，防治面积达 6 000 万亩次。

草害方面，鄂北岗地稻田共有杂草 27 种，以稗、水花生为优势种，为害较重的有千金子、丁香蓼、鳢肠等。江汉平原稻田共有杂草 33 种，以稗、双穗雀稗为优势种，为害较重的有水花生、浮萍、鳢肠、鸭舌草、千金子等。鄂东南丘陵地区稻田共有杂草 29 种，以稗、鸭舌草为优势种，为害较重的有水竹叶、千金子、双随雀稗、节节菜、丁香蓼、水花生等。江汉平原与鄂东南丘陵地区杂草群落相似性较大，二者均与鄂北岗地的相似性较小。总体上看，湖北水稻主产区稻田杂草的丰富度一般。

第三节 湖北水稻产能提升策略

保障粮食安全，就是要保证粮食生产能力，确保在需要时能够产得出、供得上。国家实施“藏粮于地、藏粮于技”战略，“藏”的是“耕地”和“科技”两个关键，“藏”的是粮食综合生产能力。“藏粮于地”包含耕地数量和耕地质量两个维度的耕地保护，耕地数量上落实最严格的耕地保护制度，严守耕地红线；耕地质量上致力提升地力，确保耕地产能和可持续利用。“藏粮于技”就是不断创新农业科技，保持和提升粮食增产潜力。

从湖北省水稻产能的形成和演变来看，在水稻生产转型期，提升湖北省水稻产能，走内涵式发展的路子，挖掘系统产能是具有一定潜力的。

一、补齐短板，平衡发展提产能

湖北省水稻产能的短板，主要集中在鄂东南生态区的咸宁市红黄壤水稻区和中低产田较集中的水稻区。这些区域影响水稻产能提升的主要原因是耕地质量。近些年，湖北通过高产农田建设、中低产田改良、推广绿肥种植、秸秆还田等地力培肥措施。有效促进了土壤地力提升，全省耕地质量平均等级提高 0.19 个等级，但是，仍然还存在着大量土壤养分失衡、基础地力逐年下降、农田基础设施老化、局部土壤酸化和污染加剧、占补平衡的补充耕地地力水平较低等问题。

根据《湖北农村统计年鉴》2022 年的统计数据，咸宁市水稻种植面积约 174 万亩左右，水稻单产 506.4kg/ 亩，总产量 88.54 万 t。稻田存在的突出问题是水土流失严重，土壤潜育化，部分地区水田冷（地温低）、烂（深泥脚）、毒（硫化氢等有害气体）、瘦（有机质含量下降），山区耕地土层薄、地块小、砾石含量多，可用“冷、酸、黏、瘦、薄”来概括。耕地质量存在的问题致使咸宁市水稻平均单产低于全省平均单产10.7%。从2018年开始，“湖北单双季稻混作区周年机械化丰产增效技术集成与示范”项目团队，探索了针对咸宁市“冷、酸、黏、瘦、薄”土壤类型的“暖田”技术。该技术通过“挖沟排水、施碱改酸、微肥调控、秸秆还田”等改良技术措施，显著改善水稻田间土壤酸碱度、通透性，提升土壤地温，增加微量元素供给，提高根系生长发育能力，提高水稻营养物质运输效率，增加干物质积累，实现水稻产量提升20%。该技术2022年已列为咸宁市农业农村局主推技术。如果咸宁市全面推广应用该技术，预计可增加水稻产量17.6万t。

湖北省第三次国土调查数据显示，全省共有耕地面积7 152万亩，中低产田比例65%。水稻作为湖北省第一大作物，中低产田种植水稻的面积占水稻总面积的比例超过了65%。湖北省中低产水田的主要类型是山区冷浸田和湖区烂泥田，集中分布在江汉平原、湖区和山区冲畈地。改良中低产稻田，要找准影响产量的主要障碍因子，有针对性地进行治理。同时，要开挖排水沟，降低地下水位；加强晒田，降低土壤还原性物质含量；增加土壤有机质，改善土壤结构。湖北省水稻种植面积3 500万亩，如改造1/3的中低产稻田为高产田，每亩可增加水稻产量100～153kg，全省可新增水稻产量75.8万～115.9万t，相当于全省水稻总产量的4%～6%。

二、防灾减损，稳产高产提产能

湖北水稻生产因生物逆境和非生物逆境造成的多种自然灾害频发，致使年际间产量波动较大。加强防灾减灾，实现水稻稳产高产，是提升水稻产能的一条现实途径。

鄂中北稻麦区，年降水量相对偏少，水分蒸发较快，蓄水供水能力有限，常年受到干旱的胁迫。因此，需加强稻麦生长期周年水分管理，节约用水，高效用水。同时，要提高工程性蓄水能力和灌溉能力，做到出现旱情，有水可调，有水可灌，满足稻麦生长用水需要。

鄂东南双季稻区，早晚稻生产周期长，遭受前、后期低温冷害的风险较大。近50年湖北省气象观测表明，发生早稻“五月寒”危害和晚稻“寒露风”危害的风险呈增加趋势。避免低温冷害对早晚稻生产的影响，稳定双季稻生产产能，要筛选好抗性品种，合理搭配，科学安排播期，加强灾害监测预警和防灾减灾技术的应用。

江汉平原中稻和再生稻区是水稻花期高温危害的重灾区，其发生频率高、受害程度大。要研究水稻热害发生的规律及其对气候变化、农业措施改进的响应，及早采取推迟播期、选用耐热性品种等措施对水稻热害进行规避和防御。必要时，及时灌水降温。

病虫害高发区，要充分把握水稻病虫害发生规律，加强病虫害的预报预测，提前做好防治措施，抓住防控关键节点，提高防治精准度，开展统防统治，最大限度降低病虫为害。同时，要推广使用抗（耐）性品种，降低病虫发生率。

三、调整模式，用足资源提产能

种植模式一般由当地的温光水资源决定，优化种植模式就是寻找如何更高效合理地利用当地的农业资源，进行作物生产的方法。湖北水稻生产分布在不同生态区，各生态区光温水热资源有所不同，使得各生态区水稻基础产能有所差别，要根据各生态区温光资源分布合理选择水稻种植模式，充分利用温光资源，提高水稻产能。

1. 温光资源充足地区应鼓励发展双季稻，提高复种指数

这一区域包括鄂东丘陵、平原双季稻区和鄂中双季稻区，适合种植双季稻面积为1 000万～1 200万亩。当前双季稻种植面积仅400万亩，尚有600万～800万亩的面积潜力，可增产稻谷12.2亿kg。

2. 温光资源两季不足一季有余地区应鼓励发展再生稻，实行一种两收

这一区域包括荆州、仙桃、天门、潜江、黄冈、咸宁，以及孝感市的大部分地区，荆门市的沙洋县、钟祥市、宜昌市的枝江市和当阳市部分地区。这一地区年均气温 16℃左右，无霜期 240 ～ 270d，雨量充沛、光热雨同季，温光水资源完全可以满足再生稻生长发育的需要。当前湖北省再生稻面积 300 万亩，尚有 450 万亩的面积潜力，按再生稻两季比一季中稻增产 300kg 估算，年均可增产稻谷 13 亿 kg 左右。

3. 水资源丰富地区应鼓励发展稻渔共生模式

在水稻种植期间充分利用稻田温光水资源，将水稻种植、水产养殖有机结合，实现水产品与水稻同生共长、同步增产，产品品质同步提升的目的。稻渔共生模式实现了水稻质量和稻田复种指数的提高，增加了单位面积土地的产出，提高了农民收入，能有效保护农民种粮积极性，保证水稻产能的实现。

参考文献

常向前，李儒海，褚世海，等，2009. 湖北省水稻主产区稻田杂草种类及群落特点 [J]. 中国生态农业学报，17(3): 533–536.

陈波，田永宏，房振兵，等，2017. 湖北省水稻主要病虫害绿色防控技术 [J]. 湖北农业科学，56(6): 1056–1058.

陈其志，2007. 湖北稻区水稻重大病虫灾变状况及防控对策的思考 [C]// 中国植物保护学会 . 植物保护与现代农业——中国植物保护学会 2007 年学术年会论文集 . 中国农业科学技术出版社，781–785.

陈燕，2021. 长江中下游地区水稻低温冷害遥感监测技术研究 [D]. 杭州：浙江大学 .

陈玉峰，汪福友，王红亮，等，2020. 稻谷储藏技术及品质变化研究进展 [J]. 现代食品 (21): 32–36.

陈哲威，任康宁，王影，2022. 高标准农田建设中节水灌溉技术应用 [J]. 南方农机, 53(12): 190–192.

董铁有, 朱文学, 张仲欣, 等, 2005. 我国水稻干燥机械化存在的问题及对策研究 [J]. 食品科学, (1): 92–98.

杜祥备, 习敏, 孔令聪, 等, 2021. 江淮地区稻 – 麦周年产量差及其与资源利用关系 [J]. 作物学报, 47(2): 251–258.

郭建东, 2022. 高标准基本农田建设中的理论与实践探究 [J]. 南方农机, 53(15): 177–179.

韩赟, 梁静, 李成, 等,2020. 稻谷储藏品质研究技术现状 [J]. 农业工程, 10(12): 45–49.

洪帆, 2021. 高标准农田建设存在的问题及因应策略 [J]. 审计月刊 (6): 38–39.

湖北气象局, 2018. 2018 年湖北省气候公报 [R].

姜龙, 柴永山, 曲金玲, 等, 2015. 食用稻谷储藏特性与干燥技术概述 [J]. 中国稻米, 21(3): 44–47.

李步勋, 余伟林, 2022. 2020—2021 年鄂豫皖区域水稻种植类别、种植季别和种植方式分析 [J]. 中国种业 (7): 47–53.

李守华, 田小海, 黄永平, 等, 2007. 江汉平原近 50 年中稻花期危害高温发生的初步分析 [J]. 中国农业气象, 28(1): 5–8.

马艳, 黄妍, 2014. 水稻储存保管技术研究 [J]. 农业科技与装备 (2): 81–82.

潘保利, 潘久君, 2022. 稻谷收获、干燥和仓储节粮减损技术 [J]. 农业工程, 12(8): 68–71.

乔金玲, 张景龙, 2017. 稻谷储藏特性与技术要点 [J]. 中国稻米, 23(5): 112–113.

渠丽萍, 龚健, 张丽琴, 2009. 基于土地整理的高产稳产农田质量建设研究——以湖北省黄石市为例 [J]. 国土资源科技管理, 26(6): 122–126.

渠丽萍, 龚健, 张丽琴, 2009. 高产稳产农田建设现状及发展对策研究 [J]. 资源开发与市场, 25(12): 1118–1120.

苏虹, 梁志妹, 田云霞, 等, 2021. 昆明市高标准农田建设中的土壤改良措施探究 [J]. 南方农业, 15(26): 236–237.

孙懿慧, 2015. 基于 GIS 多源数据融合的湖北省中稻增产潜力及影响因子的研究 [D]. 武汉 : 华中农业大学 .

田小海, 松井勤, 李守华, 等, 2007. 水稻花期高温胁迫研究进展与展望 [J]. 应用生态学报, 18(11): 2632–2636.

万素琴, 陈晨, 刘志雄, 等, 2009, 气候变化背景下湖北省水稻高温热害时空分布 [J]. 中国农业气象, 30(S2): 316–319.

王德华, 刘国辉, 周钢霞, 等, 2022. 辽宁省稻谷储藏与烘干现状 [J]. 现代食品, 28 (6): 226–228.

王华英, 2015. 中国农作物时空格局变化及驱动因素研究 [D]. 徐州: 中国矿业大学 .

王嫚嫚, 刘颖, 高奇正, 等, 2017. 湖北省水稻种植模式结构和比较优势时空变化 [J]. 经济地理, 37(8): 137–144.

王若兰, 宋永令, 付鹏程, 2021. 中国稻谷储藏技术及装备的现状及发展趋势 [J]. 中国稻米, 27(4): 66–70.

徐绳武, 郑丽, 余安安, 等, 2017. 鄂东南稻—稻—油全程机械化生产技术 [J]. 湖北农业科学, 56(21): 4017–4018.

杨龙树, 张从合, 严志, 等, 2020. 长江流域水稻涝害的发生及应对措施 [J]. 农业灾害研究, 10(4): 58–59.

叶佩, 2020. 气候变化背景下湖北中稻高温热害风险评估 [D]. 南京: 南京信息工程大学 .

张桂香, 2016. 长江中下游地区单季稻和夏玉米涝渍灾害风险分析 [D]. 北京: 中国气象科学研究院 .

张凯雄, 徐卫, 王朝霞 ,2011. 湖北省农田杂草综合治理对策 [J]. 湖北植保 (3):37–39.

张蕾, 2021. 农业气候资源演变下双季稻冷热灾害风险分析与适应对策 [D]. 北京: 中国农业科学院 .

张蕾, 郭安红, 何亮, 等, 2021. 2020 年我国南方双季晚稻寒露风危害的变化特征 [J]. 气象, 47(12): 1537–1545.

郑治斌, 刘可群, 2020. 湖北省干旱灾害特征及其影响分析 [J]. 湖北农业科学, 59(8): 35–40.
周敏, 曹永本, 隋玉杰, 2022. 北方地区水稻虫害和冷害综合防控技术 [J]. 现代农业科技 (19): 119–122.

第四章　转型期湖北水稻育种策略

自20世纪50年代以来，湖北水稻育种先后经历了多次转变，并取得辉煌的成绩，为保障国家粮食安全贡献了力量。现阶段，水稻生产转型，对水稻育种提出了挑战。这就要求今后一个时期选育水稻品种，必须适应市场需求、绿色生产方式、高效种植模式、轻简化生产和机械化生产。显然，以产量为目标的“良种配良法”育种模式，必然走向与转型期要求相适应的育种模式。

第一节　湖北水稻育种历史

湖北水稻育种，始终立足本省、面向全国，除满足人们基本的温饱需求外，还结合经济社会发展而进行适时调整，以不断适应和满足人民群众的新需求。

新中国成立之初，我国人均粮食占有量仅为208.9kg。为提高粮食产量，保障国家粮食安全，湖北水稻育种基本以提高产量为目标。大体经历了20世纪50—60年代水稻的矮化育种，70—80年代的杂种优势利用等阶段。20世纪80年代以后，湖北水稻育种目标开始由单一的高产转向高产、优质、广适等并重。

一、水稻矮化育种

20世纪50年代，国内水稻地方主栽品种多表现高秆、不耐肥、抗倒性差、产量潜力低等问题。20世纪50年代初，兴起于菲律宾、印度等发展中国家的水稻、小麦等主要粮食作物的矮秆化极大地提高了粮食产量，也被称为第一次“绿色革命”。

20世纪50年代至70年代初期，我国开始在全国范围内开展水稻良种矮秆化，目的是选育矮秆水稻新品种，实现水稻株型的改良，提高水稻抗倒耐肥能力，从而增加水稻单产。1963年，湖北育成了省内第一个矮秆早籼品种“鄂早1号”，随后又相继育成早籼“鄂早6号”，晚粳“鄂晚5号”和“鄂宜105”等矮秆水稻品种，这些品种后成为湖北省的主栽品种，年种植面积达300万亩以上。

二、水稻杂种优势利用

杂种优势是指一个物种的不同品种或者物种间的杂交后代的生物量、发育速度和产量的表型值优于两个亲本的表现。杂种优势利用是继矮化育种后大幅度提高粮食产量的新途径。

1. 三系法杂交水稻的研究与应用

1970年11月，袁隆平带领的研究小组在海南崖县野生稻中发现了花粉自然败育的雄性不育株（野败），利用野生不育株，通过全国协作攻关，实现了籼型杂交水稻三系配套的成功，为利用水稻杂种优势提高水稻产量开辟了新的途径。

从20世纪70年代开始，湖北的水稻育种家们就参与了全国三系杂交水稻协作攻关，开始进行三系杂交水稻新品种的选育。1972年，武汉大学生物系科研人员利用海南“红芒野生稻”和江西地方品种“莲塘早”选育获得“红莲型细胞质雄性不育系”，随后又利用湖北鄂西地区水稻地方农家品种

“马尾粘”花粉败育株，与“协青早选”品种育成马协型不育系。红莲型水稻不仅在我国长江中下游、华南稻区大面积种植，还走出国门在越南、印度尼西亚、马来西亚、孟加拉国和菲律宾等国广泛种植，表现优异，具有广阔的应用前景。马协型杂交稻稻米品质优，累计推广面积 2 100 万亩以上，取得了良好的经济和社会效益，并荣获 2002 年国家技术发明奖二等奖。

2. 两系法杂交水稻的研究与应用

1985 年，石明松发现的“农垦 58”不育材料通过技术鉴定，并被正式命名为“湖北光敏感核不育水稻”，由此拉开了湖北省乃至全国两系法杂交水稻研究的序幕。全国多家育种单位引进并利用该材料进行两系不育系选育工作，通过人工转育，在 1988 年育成了 W6154S、WD1S、N5047S 和 3111S 等光温敏核不育系。1987 年，两系法杂交水稻研究项目列入国家“863 计划”，随后，全国主要水稻科研单位也相继开展了光温敏核不育系的选育。两系杂交水稻杂交配组相对自由，突破了三系法杂交水稻配组的核质互作的限制，能更好地做到米质、抗性、产量等性状的综合协调，丰富了水稻的杂种优势利用途径。以水稻光温敏核不育材料为基础的两系法杂交水稻研究成果，荣获 2013 年度国家科学技术进步奖特等奖。

3. 籼粳亚种间杂种优势利用

由于自然界普遍存在的亚种之间生殖隔离法则，籼粳稻亚种间杂种育性下降，结实率很低。受此制约，长期以来，杂交水稻的育种工作基本限制在亚种内进行，亚种间更加强大的杂种优势难以得到利用。籼粳杂种优势利用的实现最早是采取“籼粳架桥”的方法，即籼中掺粳或粳中掺籼，达到利用籼粳亚种间部分杂种优势的目的。随着广亲和水稻资源的发现和利用，籼粳亚种间杂种优势的直接利用才成为可能。

20 世纪 70 年代末，湖北省农业科学院利用粳型常规稻鄂晚 3 号和偏籼的籼粳交品系 4243 杂交育成了鄂晚 5 号，实现了籼粳杂种优势的部分利用。2015 年，宁波市种子有限公司等选育的籼粳三系杂交水稻甬优 4949 在湖北审定，成为湖北省审定的第一个籼粳杂交稻品种。2021 年，湖北省农业科学院利用籼型不育系沪旱 7A 和粳型恢复系 R31109 选育而成的籼粳交三系杂交稻旱优 79 通过审定。2022 年，湖北省农业科学院又审定通过了籼粳交不育系 E 农 3S，以及以其为母本的杂交稻新品种 E 两优 88、E 两优 263 等。

三、优质稻育种

随着经济发展进入新常态，粮食产量保持稳定增加，消费者对于水稻的需求开始由吃饱向吃好转变，对于稻米的品质提出更高的要求。自 20 世纪 80 年代初，湖北省就开始优质稻品种的选育和引进工作，并组织地方名特优品种的筛选及示范推广。20 世纪 80 年代中期以后，湖北省又提出“发展中优质高产品种，压缩低质水稻，稳定水稻生产”的策略。1999 年开始，湖北省大力实施“优质稻”工程，进一步优化水稻生产结构，主推优质早稻“鄂早 18”“两优 287”，中稻“宜香 1577”“Ⅱ优 084”及高档优质稻“鄂中 5 号”“鄂香 1 号”等。至 2005 年，全省优质稻种植面积达 1 500 万亩，约占水稻面积的一半；2006 年，全省优质稻种植面积进一步扩大到 2 100 万亩，占全省水稻的 2/3 左右。同时，省内科研单位大力开展优质水稻新品种选育，先后选育了“培两优 3076”“培两优 537”“广两优 272”“广两优 5 号”等多个稻米品质达到国标二级以上的优质杂交中籼稻新品种，以及“鄂中 5 号”“鉴真 2 号”等高档优质常规稻品种。

第二节　湖北水稻育种存在的主要问题

湖北水稻育种，各阶段目标明确、工作重点突出，基本满足了生产需求，但是，面对水稻生产转型，也存在一些亟待解决的问题。

一、同质化影响品种的竞争力

20 世纪 80 年代，湖北省农业主管部门为了保障农业生产用种安全，推出了品种审定制度。1985—2015 年，湖北省共审定水稻新品种 326 个，年均审定 10.5 个。随着品种审定制度的改革，特别是 2016 年《种子法》修订实施后，带来短期内品种审定数量的急速增加。2016 年后的 7 年时间内，湖北省审定的水稻品种数量达到 448 个，年审定水稻品种数量达到 64 个，远超以往，品种数量出现“井喷”（图 4–1）。

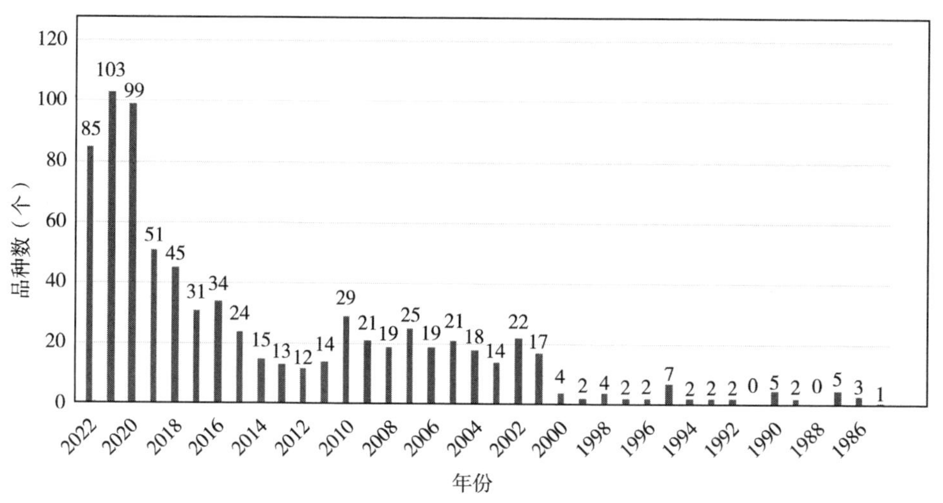

图 4–1　湖北省历年审定水稻品种数
（数据来源：国家水稻数据中心）

水稻新品种数量快速增加，但全省水稻种植面积相对稳定，必然造成品种之间的竞争加剧，加之审定品种间亲本存在较强的亲缘关系，品种间差异并不明显，也造成新品种的转化难度加大，有少数新品种在审定后从未在生产上进行过推广。据统计，在湖北大面积应用的水稻品种有 331 个，其中累计推广面积突破 1 500 万亩的品种有 14 个（其中 12 个为籼稻，2 个为粳稻）。在 1983—2018 年全国大面积推广品种中，累计播种面积前 100 位的品种中，湖北省自育品种仅 3 个，分别是“鄂宜 105”“鄂晚 5 号”和“鄂早 6 号”。到

2020年，在湖北省内历年累计播种面积前10位的品种中，湖北自主选育的品种仅为3个，仍是“鄂宜105”“鄂晚5号”和“鄂早6号”；在省外种植面积前100位的品种中，没有湖北省选育的水稻品种。

二、品种选育难以满足生产需要

进入21世纪，水稻种植业结构不断调整，新的种植模式不断涌现，如全程机械化、虾稻共作、“一种两收”再生稻、直播稻等。新模式的出现对水稻品种提出了更多新的要求，如水稻全程机械化模式要求品种早发性好、抗倒伏；虾稻共作模式要求水稻品质好、抗倒伏、抗病虫、生育期适中；再生稻模式则要求品种的再生性好、抗高温、再生季出米率高等，而原有以产量为主要目标的品种选育显然难以满足这些新模式的发展。同时，消费需求不断发生改变，随着生活水平进一步提高，人民群众对稻米的需求已经从“吃饱”到“吃好”，再到“吃得健康”转变，但市场上高档优质稻品种不足，针对糖尿病患者、肾病患者等特殊人群饮食需求研发的专用稻品种缺乏等。

三、育种力量尚待形成合力

遗传学及生物技术的迅猛发展促进了水稻育种技术的革新，从传统的杂交育种、诱变育种，发展到分子标记辅助育种、分子设计育种、转基因育种及基因编辑育种等。新技术的出现极大地提高了育种的效率和准确性。然而，当前湖北省大多数育种单位仍以常规育种手段为主，分子标记辅助选择技术、基因编辑等最新技术的采用率低，这极大地限制了湖北省水稻育种创新水平的进一步提高。湖北省水稻育种基础研究力量主要集中于以华中农业大学、武汉大学为代表的涉农高校，育种应用研究则集中在省、市、州农业科学院及相关种业公司，仍然存在科研与育种“两张皮”的现象，相关力量有待形成合力。

第三节　湖北水稻育种策略

现阶段，确立湖北水稻育种策略，必须适应水稻生产转型期的本质要求，充分挖掘现有种质资源，采用先进的育种技术，育出高产、适应市场需求、适应种植模式和技术调整、适宜机械化生产、与生态环境相协调的品种。

一、目标选择：由单一向多元发展

水稻育种目标是由水稻生产转型决定的。目标的选择，应体现国家需求、生产需求和市场需求。国家需求，就是要实现高产，保障市场供给，确保国家粮食安全；生产需求，就是要有合理的生育期、利于茬口衔接、便于种植模式和技术安排，适宜机械化操作，适应生态环境变化、抗多种生物逆境和非生物逆境；市场需求就是根据消费者意愿，强化质量优、功能强，满足多层次的需要。

粮食供应紧平衡是我国需要长期面对的重要课题，满足日益增长的人口对粮食的多元化需求是水稻育种最重要的目标之一。随着经济社会的不断发展，以及水稻生产、资源环境、饮食需求的不断变化，水稻育种的目标由过去为了填饱肚子追求单一“高产”，逐渐向“高产、优质、多抗、生育期适宜、适宜机械操作”等多元化转变。

二、技术革命：综合运用多种新技术

在传统育种阶段，育种家们利用杂交、回交、系统选育等手段，育成了一批高产品种。但传统育种手段耗时长、劳动力投入大，精准性低。面对快速增加的人口、多样化的需求以及多变的自然环境，仅仅依靠传统育种方法，显然已无法满足快速变化的需求。

针对新时期水稻产业发展战略需求，在利用传统育种技术的同时，还需强化水稻遗传育种的基础研究，创新全基因组选择、基因编辑、诱发突变、杂种优势利用等育种技术，以基因敲除、单碱基编辑、大片段DNA重组突变为抓手，创新和优化水稻基因编辑技术；以基因叠加为突破口，完善多性状复合的转基因技术；通过生物技术、信息技术和人工智能技术的交叉融合，以全基因组选择为主线，完善水稻分子设计育种和智能设计育种，推动水稻育种逐渐向高效、精准、定向方面转变，加速作物新品种的培育进程。

三、体制创新：企业为主体，产学研协同

探索建立以企业为主体、市场为导向、产学研协同、育繁推一体的育种创新体系，扶持优势水稻种业企业发展，是湖北省水稻产业做大做强的重要途径。一方面，充分利用激励水稻种业企业技术创新的各类普惠性政策，着力改善企业的基础设施和装备条件，鼓励引导企业加大水稻新品种的研发投入和核心种源基地建设，提高新品种的研发能力和种源保障能力，提升企业的市场竞争力。另一方面，加快推进种业科企合作，鼓励科研成果向企业转移，支持从事商业化育种的科研单位和人员进入种企开展育种研发，通过出台专项计划，弥补现行国家科技计划体系在支持种业科企合作方面存在的不足，整合各部门的力量形成合力，从而形成分工明确、布局合理、科学高效的种业科技创新体系。此外，还要建立健全针对科企合作的法律体系，引导和鼓励不同主体开展合作研究，为合作研究提供法律保障。

第四节　湖北水稻新品种培育

一、培育高产优质水稻新品种

我国地少人多，以占世界不到8%的土地养活了世界近20%的人口。保

障国家粮食安全，产量是水稻育种永恒的话题，也是新品种选育的前置条件。随着人民生活水平的提高，稻米消费市场对品质的要求越来越高。因此，湖北水稻育种工作的重点，需要在保障产量的前提下，进一步提升稻米的外观及食味品质等。

湖北省素有“鱼米之乡”的美誉，省内多个水稻种植区域有非常适合优质稻米的生产条件。2003 年以前，湖北省高档优质稻以“鉴真 2 号”和“鄂香 1 号”为主，由于品种种性退化和抗性问题，这 2 个品种的种植面积日益萎缩。2004 年，湖北省育成了高档优质稻新品种“鄂中 5 号”。自 2018 年起，湖北省开始设立科企联合体高档优质稻组区域试验组，先后审定了“鄂中 6 号”“虾稻 1 号”“荆占 2 号”“长粒粳 384”等一批高档优质稻新品种，其中除“长粒粳 384”为长粒粳稻外，其余均为籼稻。今后一个时期，湖北水稻育种需瞄准高产和优质两大目标，加强高产优质籼稻及长粒粳稻新品种的选育。

二、培育适宜轻简化种植的水稻新品种

与传统的栽培模式相比，水稻轻简栽培模式简化了水稻栽培程序，节省了大量的人力、物力和财力，综合经济效益较高。随着农村劳动力减少，劳动成本上升，以省工、省力、低成本为特点的水稻轻简化栽培方式，更加受到生产者的认可。培育适宜轻简化栽培的水稻新品种已成为湖北水稻生产的当务之急。

水稻机直播是轻简化栽培的重要方式，但也存在一些问题。例如，在播种阶段，水稻直播后存在出苗不整齐、顶土能力差、苗期耐涝能力较差等问题；在管理阶段，水稻品种株型披散，稻田通风透光差，易造成病虫害重，不利于无人机等机械化打药施肥等；品种株高偏高、根系入土浅，导致抗倒伏能力差，稻谷落粒性强等。同时，为提高复种指数，提高温光利用率，采取双季双直播模式，对水稻品种的生育期又提出了很高的要求。因此，选育出芽快、整齐，秧苗耐渍，全生育期短、抗倒伏、耐密植、宜机收等的水稻

新品种将是研究的重要方向之一。

三、培育适应生产新模式的水稻新品种

在湖北省水稻生产转型过程中，逐步探索出以“稻虾”等稻田综合种养，以及“一种两收”再生稻等绿色高产高效生产新模式。

稻田综合种养模式包括“稻虾”“稻鱼”“稻鸭”“稻鳖”等，能集约利用自然资源，缓解资源短缺，提高粮食和水产品供应，提高农民收入。近些年来，湖北省稻田综合种养面积快速增长，但缺乏专用的水稻品种。在稻渔共作模式下，稻田长期处于淹水状态，水稻长期生长在淹水环境下，根系较浅，易发生倒伏现象；同时，由于水产对于农药敏感，病虫害防治不能施用农药，对水稻本身的病虫害抗性要求较高。因此，针对稻渔共作模式，要注重选育株高较低、抗倒性较高、病虫害抗性强的新品种。

再生稻具有“七省二增一优”的优势，即省工、省种、省水、省肥、省药、省秧田、省季节、增产、增收和米质优。在湖北受光热资源限制的地区（“两季不足，一季有余”），再生稻的发展具有相当大的潜力。发展再生稻不仅能保障粮食安全，还能提供优质安全的粮食，符合国家农业供给侧结构性改革的要求。目前，湖北再生稻品种以“丰两优香一号”“天优616”“黄华占”等为主，均为审定近10年的老品种，亟须进行品种的更新。尽管近两年审定了“秧荪1号”“秧荪2号”“华两优341”等再生稻新品种，但总体数量较少，难以支撑再生稻产业的可持续发展。再生稻新品种选育，需以头季米质和再生季产量为重点选育目标，综合考虑两季的生育期、产量和抗性等农艺性状，重点培育头季米质优、再生季产量高、抗性好的再生稻新品种。

除再生稻外，多年生稻近年来也逐渐崭露头角，云南农业大学已经选育出可推广的多年生稻新品种，并实现了1种12收，亩产超过1 000kg。但现有多年生稻品种（Pr23、Pr25和Pr107）在长江稻区种植还存在感光性强、无法越冬两大技术瓶颈，在湖北地区还无法进行推广。目前，湖北省农业科学

院粮食作物研究所相关团队已创制出可在 –4℃条件下自然越冬的多年生稻新种质，为未来培育本土耐寒多年生稻打下了基础。

四、培育抗逆水稻新品种

据统计，2005—2014 年湖北省审定的 67 个中稻品种中，对稻瘟病抗性达到中抗的仅有 3 个，中感及感病品种各 4 个，其余全部表现高感稻瘟病；而其中对白叶枯病表现中抗的品种有 5 个，表现中感的品种有 22 个，其余均表现高感；而近年来还没有抗褐飞虱的水稻新品种审定。尽管近几年审定的新品种病虫害抗性有一定程度的提高，但总体而言湖北省水稻抗性育种进展不大。在非生物逆境方面，高温热害是目前湖北水稻面临的最严重威胁。由于湖北位于长江中下游稻区，每年夏季中稻抽穗扬花期往往会遭遇高温天气，造成水稻结实率降低，导致产量和稻米品质的下降，但是现有的耐高温品种还比较缺乏。

截至目前，在水稻中已克隆到 37 个稻瘟病抗性基因、11 个白叶枯病抗性基因和 9 个褐飞虱抗性基因。在水稻耐热研究方面，目前也已鉴定到多个耐热 QTLs。利用分子标记辅助选育技术等手段，将上述抗病虫及耐热相关 QTLs 聚合到优良水稻材料中，结合田间鉴定等措施，可选育病虫害抗性强、耐热性好的水稻新品种。

五、培育功能性水稻新品种

功能性水稻是一类具有特殊活性成分的水稻，比如富含花青素、原花青素的有色稻；谷蛋白含量低，适宜肾病患者食用的低谷蛋白水稻；富含抗性淀粉，具有稳定餐后血糖的低 GI 水稻；富含特种维生素、有益微量元素的富微营养水稻等。人体食用后可改善生理代谢、增进健康。针对不同需求，应用常规育种技术与现代生物技术相结合，培育对人体健康有益，对疾病有辅助治疗和保健作用的功能性水稻新品种，对改善以稻米为主食人群的营养与健康状况具有十分重要的意义，也是未来水稻育种的重要方向之一。

湖北省农业科学院粮食作物研究所相关团队已在功能型水稻种质创制和产业化开发方面取得了较好的进展。经过多年研究，已创制出一批外观好、食味优、功能性强的低 GI 和低谷蛋白稻米新种质。以新种质为基础开发的系列功能稻米产品已在消费市场上进行推广，非常受糖尿病患者、肾病患者欢迎，也显示了功能型稻米广阔的应用前景。

参考文献

陈柏槐, 2004. 湖北省优质水稻现状与发展思路 [J]. 中国稻米 (5): 12–15.

陈志军, 王睛芳, 游艾青, 2019. 新形势下湖北省水稻育种的发展趋势和对策 [J]. 农村经济与科技, 30(23): 1–3, 49.

段洪波, 2012. 湖北省水稻种业存在的问题及发展建议 [J]. 种子世界 (8): 1–3.

郭建平, 陈荣智, 杜波, 等, 2022. 水稻抗褐飞虱基因的发掘与育种利用 [J]. 中国科学 : 生命科学, 52(09): 1326–1334.

胡时开, 胡培松 ,2021. 功能稻米研究现状与展望 [J]. 中国水稻科学, 35(4): 311–325.

黄文超, 胡骏, 朱仁山, 等, 2012. 红莲型杂交水稻的研究与发展 [J]. 中国科学 : 生命科学, 42(9): 689–698.

李炫丽, 袁国保, 王世才, 等, 2013. 种子企业开展科企合作的探索与思考 [J]. 中国种业, 224(11): 1–6.

刘传光, 周新桥, 陈达刚, 等, 2021. 功能性水稻研究进展及前景展望 [J]. 广东农业科学, 48(10): 87–99.

马小倩, 杨涛, 张全, 等, 2022. 水稻新型育种技术研究现状与展望 [J]. 中国农业科技导报, 24(1): 24–30.

牟同敏, 2016. 中国两系法杂交水稻研究进展和展望 [J]. 科学通报, 61(35): 3761–3769.

石明松, 1981. 晚粳自然两用系选育及应用初报 [J]. 湖北农业科学 (7): 1–3.

王小刚, 苏思荣, 李晓蓉, 等, 2022. 水稻已克隆抗稻瘟病基因的研究与应用[J]. 智慧农业导刊, 2(21): 33–36.

韦淑亚, 孙红伟, 程本义, 等, 2020. 湖北省历年审(认)定水稻品种分析[J]. 杂交水稻, 35(3): 8–14.

吴比, 胡伟, 邢永忠, 2018. 中国水稻遗传育种历程与展望[J]. 遗传, 40(10): 841–857.

熊佑能, 丁自力, 2007. 湖北省水稻育种的回顾、现状及发展趋势[J]. 湖北农业科学, 46(5): 657–659.

徐得泽, 程航, 游艾青, 等, 2010. 湖北省高档优质稻产业化研究[J]. 现代农业科技(20): 114–115.

杨金松, 张再君, 邱东峰, 2015. 湖北省水稻育种研究进展与展望[J]. 湖北农业科学, 54(22): 5504–5508.

赵正洪, 戴力, 黄见良, 等, 2019. 长江中游稻区水稻产业发展现状、问题与建议[J]. 中国水稻科学, 33(6): 553–564.

周正平, 占小登, 沈希宏, 2019. 我国水稻育种发展现状、展望及对策[J]. 中国稻米, 25(5): 1–4.

朱英国, 2016. 杂交水稻研究50年[J]. 科学通报, 61(35): 3740–3747.

第五章　转型期湖北水稻生产模式创新

湖北省的地理位置和气候条件，决定了稻作模式的多样性和可塑性。水稻生产转型，对水稻生产模式创新提出了新的要求，就是需要各生态区立足资源禀赋，积极探索光温水土资源高效利用、节本增效和生态环境友好的水稻生产模式，为稳粮提质增效提供强有力的生产制度保障。

第一节　优化稻麦（油）模式

湖北省地处我国南北、东西过渡带，是稻田两熟制典型种植区，其中“中稻+冬作”两熟制占主导地位。随着中稻高产技术体系建成，水稻、小麦、油菜机械化种植的程度提高，稻麦和稻油两熟制占有较大比重。通过“农艺”与“农机”的逐步融合，品种的优化搭配，可充分发挥稻、麦（油）搭配光温水资源高效利用的优势，有利于提升水稻品质以及种植的机械化水平，降低农业生产投入，符合现代农业发展新趋势。

一、稻麦（油）模式的现状

湖北省水稻常年种植面积 3 500 万亩，小麦种植面积 1 500 万亩，油菜种植面积 1 640 万亩。稻麦模式 1 000 多万亩，占水稻种植面积 28%，占小麦种植面积 66.7%。稻油模式 900 多万亩，占水稻种植面积 25.7%，占油菜种植面积的 54.9%。

2003 年以来，随着中稻精确定量高产高效栽培技术以及轻简化栽培技术体系的形成和推广，农民种植中稻的效益显著提高，进而增强了广大农户的积极性，中稻面积也逐渐上升。同时，中稻高产品种培育和高产栽培技术体系发展和完善，为“中稻 + 冬作”两熟创造了条件。

近些年来，“三高”（高油、高产、高抗）、“双低”（低芥酸、低硫苷）油菜新品种的推广明显加快，华杂系列、中油杂系列为主的杂交品种和以中双系列、华双系列为主的常规品种成为湖北省的主要推广品种，油菜品质显著提升，生产效益不断提高。联合机播、旋耕飞播和免耕飞播等技术解决了油菜机械化直播的问题，节省了劳动投入，有效衔接了两季茬口，也促进了油菜早播、早发、快长；机械收获与机收减损技术的发展，进一步促进了稻油模式的发展。

如同稻油模式一样，稻麦模式也得到了稳步发展。主要原因在于：第一，小麦品种改良，品质提高，市场收购价格上升，增加了农民种麦收入。如郑麦 9023、鄂麦 18、鄂麦 23、襄麦 25 和鄂麦 596 等，逐步成为主打品种，还有一批新审定的鄂麦 580、漯麦 6010、先麦 8 号、鄂麦 170、襄麦 35、郑麦 119、天民 198 等品种，丰富了农民的选择。第二，小麦机械化程度得到大幅提高。到 2014 年，湖北省推广小麦全程机械化面积 720 万亩，占适宜推广面积的 50% 以上；完成机械耕整土地 1 578 万亩，机播 699 万亩，机播率 43.3%，机收 1 539 万亩，机收率达 91.6%。由湖北省农业科学院、湖北省农业技术推广总站、华中农业大学工学院、湖北省农机局等单位，联合开展了稻茬麦少免耕机械播种技术攻关，有力促进了湖北省稻茬麦机械化水平的提高。第三，由于小麦精确定量栽培技术的发展和推广，小麦产量提高，进一步增强了农民种麦的意愿。

二、稻麦（油）模式存在的主要问题

1. 品种类型单一

目前，湖北省水稻品种仍以长粒型杂交籼稻为主，当地消费者已经习惯了该类型稻米的口感，难以被新品种取代。在稻麦模式下，小麦以鄂麦、郑麦系列为主，品种搭配相对单一，对于稻麦品质的提升是一个重要限制因素，而且在湖北省地区小麦赤霉病多发、水稻稻瘟病偏重的情况下，增大了生产风险。在稻油模式下，湖北省的油菜品种以双低油菜为主。作为油菜育种强省，湖北省油菜品种一直走在全国前列。但是，适宜轻简化、机械化种植的油菜品种，尤其是耐密植、抗倒伏、抗裂荚的宜机收品种还有待加强。

2. 两熟茬口紧张

正常年份，小麦适宜收获期为 5 月中旬，水稻移栽期一般在 5 月底到 6 月初，湖北小麦适宜收获期与水稻播栽期部分重叠，但这段时期会经常遭遇持续的阴雨天气，导致稻麦茬口安排紧张。而在稻油模式下，油菜处于弱势地位，普遍存在水稻迟收而导致油菜播种困难、播期延后的问题。

3. 劳动强度大

稻麦（油）模式生产仍属劳动力相对密集型耕作，表现为生产环节多、劳动投入高、生产效率低等。特别是在抢收抢插（播）季节，要保证适时收获与栽插（播种），用工矛盾十分突出。

4. 耕地负荷重

稻麦和稻油两熟作为湖北省面积最大的典型种植模式，虽然周年产量较高，但是增加了化肥、农药施用。尤其是稻麦模式下，长期连续的稻麦轮作，消耗的土壤养分也日趋增多，而长期以来增施氮素化肥、少施有机肥，更加剧了土壤养分的失调，导致土壤肥力下降。

三、稻麦（油）模式的提升

1. 品种结构优化

湖北稻麦模式中已有的水稻和小麦品种产量水平均较高，但都是单一的作物高产，往往影响下季作物生长和全年高产高效。因此，需要根据稻麦两熟区茬口季节的衔接，合理搭配稻麦品种，以提高稻麦两熟周年光温资源利用效率，实现周年高产高效生产。在江汉平原适宜以小麦抗性品种（抗赤霉病、耐穗发芽）搭配产量潜力较大的水稻品种，在鄂北地区以产量潜力较大的半冬性小麦品种搭配优质水稻品种。此外，湖北稻麦模式中水稻一直以籼稻为主，结构单一，不利于安全生产。2016 年，湖北出台水稻产业提升计划，推广“粳稻 + 小麦”搭配模式，通过品种结构调整，进一步提高稻麦模式光温资源利用效率。

稻油模式一直是湖北省油菜种植的主要模式。过去油菜育苗移栽，确保了水稻和油菜周年产量和茬口衔接，但是也消耗了大量劳动力，现在油菜直播成为了种植的主要方式。为了确保水稻产量，水稻收获期较晚，导致油菜播种茬口紧张，直播油菜苗期积温不足，苗情差。因此，需要培育短生育期直播油菜品种，协调稻油两季的温光资源分配，从而提升周年产量。稻油模式下油菜播种窗口期短，部分地区水稻收获后，田间湿度大，机械耕整困难，耽误油菜播种；同时江汉平原、鄂东南油菜花角期易遇到连阴雨，导致油菜减产，需要培育耐湿、耐渍、抗病的油菜品种。目前，油菜机械化收获成为趋势，抗裂角、耐密植、抗倒等适宜机械化收获的油菜品种也需要进一步选育。

2. 全程机械化

稻麦模式是湖北省全程机械化程度最高的水稻种植模式。2021 年，湖北稻麦模式耕种收综合机械化率突破 84%，位于全国前列。“十三五”期间，由湖北省农业科学院、湖北省农业技术推广总站、华中农业大学工学院、湖北省农机局等单位，联合开展了水稻工厂化育秧技术、机械高效插秧 / 直播技术、无人机植保技术，以及稻茬麦少免耕机械播种技术攻关，有力地促进了湖北省稻麦模式机械化水平的提高。今后一个时期，要不断创新和推广应用最新科技成果，提高稻麦全程机械化率，减轻稻麦种植劳动强度，降低生产成本，增加生产效益，保护农民种植稻麦的积极性。

与小麦相比，油菜机械化程度偏低。油稻模式下，土壤黏重、含水率高，稻草还田量大，加上湖北大部分油菜种植田块自然条件复杂、地块分散，大型集排条播机或免耕播种机难以适用。油菜机械化耕种收 3 个环节中，播种环节机械化程度最低。随着联合机播、旋耕飞播和免耕飞播等机械播种方式的不断完善，尤其是无人机技术的进步，湖北省油菜直播机械化程度得到显著提高。到 2021 年，油菜秸秆全量还田免耕飞播技术迅速发展，累计推广超 240 万亩。油菜全程机械化另一个主要问题是机收环节，生产上常用的油菜品种角果成熟后易开裂，机收损失率较高，而大部分油菜收割装备是由水稻收割装备直接改装而成，装备适用性不好，进一步增加了收获过程的角果开裂，加剧机械收获损失。此外，适用于丘陵山区和小田块的油菜专用机械和小型机械也有待进一步开发。

3. 稻麦全程机械化模式

该模式适宜区域为鄂中北和江汉平原稻麦轮作区。结合湖北省小麦腾茬时间，选择增产潜力大、耐肥抗倒伏、株型紧凑、生育期适中，适合机械化栽插的品种，如粳稻品种甬优 4949、甬优 4149、南粳 9108 等，籼稻品种荃优 822、荃优 607、隆两优 534 等。根据品种的特性及茬口安排，适期播种。杂交稻播量每盘播干谷 70 ～ 80g，常规稻播量播干谷 90 ～ 120g，秧龄 18 ～ 22d。推荐采用测土配方施肥技术，氮肥按照 5 : 3 : 2 施入（基肥 : 蘖肥 : 穗肥），磷肥作基肥一次性施入，钾肥按照基肥和穗肥各一半施入。籼稻氮肥用量一般为 11 ～ 13kg/ 亩，粳稻品种要适当增加施肥量，例如甬优 4949 氮肥用量一般要达到 16.5kg/ 亩以上 。基肥可以选用侧深施肥机具进行施用。

水分管理遵循“浅水插秧、寸水返青、薄水分蘖、苗够晒田、寸水促穗、湿润壮籽”的原则。运用绿色防控技术，无人机喷洒农药，及时防治病虫害。联合收割机收获，秸秆粉碎均匀抛撒，秸秆长度不超过10cm，留茬高度不高于18cm。

小麦收获后采用秸秆还田机将麦秆粉碎还田，随即灌水促进秸秆腐熟。水整后的大田适度沉实2～3d。机插密度每亩1.5万蔸左右，杂交稻每蔸2～3棵秧苗，常规稻每蔸4～5棵秧苗。病虫防治应用新型植保机械统防统治。稻谷黄化完熟后，及时采用联合收割机收割，一次完成收割、脱粒、分离和清选等作业。在联合收割机后部配置秸秆粉碎装置，将水稻秸秆粉碎成长度7～8cm的小段，并均匀抛撒，随后采用秸秆还田机械灭茬、粉碎秸秆还田。然后机械深耕25cm左右，掩埋杂草、肥料和粉碎的秸秆，再进行旋耕整地，确保田平土碎，上虚下实。选用生育期在210d左右的半冬性和春性小麦品种，适宜播期为10月15—30日。用精量播种机进行机械化精量播种，亩播种10～12.5kg。要求播量精确、下种均匀，无漏(重)播。播后镇压，同时采用开沟机开沟，亩施纯氮12kg，基肥：追肥=7∶3；冬前管理促弱控旺，春季做好化学除草、清沟排渍。应用自走式喷药机、旋翼机进行病虫综合防治。重点防治小麦纹枯病、白粉病、赤霉病、锈病、蚜虫、麦园蜘蛛等为主的病虫害。在蜡熟末期至完熟期进行机械收割。要求收割机带有秸秆粉碎及抛撒装置，做到割茬高度≤15cm，收割损失率≤2%，确保秸秆均匀分布地表，利于机械耕整。

4. 稻油全程机械化直播模式

该模式适用于湖北省一季中稻、油菜两熟区。水稻种子选用抗性强，生育期适中的优质品种，机械直播，无人机防治病虫害，水稻收获时秸秆全粉碎均匀抛撒，及时旋耕整田，开沟。油菜种子选用株型紧凑，花期集中，抗病性强，适合机收的双低品种，机械直播，无人机防治病虫害，联合收割机收获。

油菜收获后，灌水泡田，旋耕机深旋 15 ～ 20cm，然后耙田、耖平、沉田。水稻直播播种时间在 5 月底之前，浸种 2d。穴直播机播种要求破胸露白率达 90% 以上，芽长不超过 2mm，穴距为 14 ～ 16cm；无人机直播要求破胸露白即可，播种时应严格控制作业飞行高度和抛撒均匀度，避免在大风天气播种。杂交稻每亩 1 ～ 1.5kg，常规稻每亩 2.5 ～ 3kg。推荐采用测土配方施肥技术，氮肥按照 5∶3∶2 施入（基肥∶蘖肥∶穗肥），磷肥作基肥一次性施入，钾肥按照基肥和穗肥各一半施入，可采用机直播侧深施肥技术进行基肥深施。运用绿色防控技术，无人机喷洒农药，及时防治病虫害。晒田复水后，干湿交替灌溉，抽穗期保持适当水层，收割前 10d 排水，自然落干。联合收割机收获，秸秆粉碎均匀抛撒，秸秆长度不超过 10cm，留茬高度不高于 18cm。

水稻收获后及时旋耕，开沟。播种时间不迟于 10 月 31 日，采用油菜直播机播种，播种行距 30cm，播量 200 ～ 250g；无人机直播油菜飞行高度 2m 左右，播量 400 ～ 500g。大田基肥每亩施用含 Mg、S 等中量元素的油菜专用缓释肥或配方肥 40 ～ 50kg，冬季明显脱肥田块，视苗情在冬至前后每亩追施尿素 2.5 ～ 5kg。油菜播种后，全生育期保持三沟畅通，确保灌排方便，维持土壤合理墒情。蕾薹期喷施生长调节剂、有机水溶肥等增强抗逆性。花期运用绿色防控技术，无人机喷洒化学农药 + 磷钾硼肥等，实施“一促四防”。完熟期，采用联合收割机直接收获，有条件的地区可采用机械（人工）分段收获，秸秆粉碎还田，留茬高度不高于 30cm。

第二节　稳步发展再生稻模式

再生稻是指头季水稻收获后，利用稻桩上存活的休眠芽，采取一定的栽培管理措施使之萌发为再生蘖，进而抽穗、开花、结实，再收获一季水稻的种植模式，具有省工、省种、省水、省肥、省药、省秧田、省季节、增产、增收、米质优等优点。在我国耕地面积不断减少和单产增长缓慢的背景下，发展再生稻是我国南方稻区提高收获频次、增加水稻单位面积产量的有效措施之一，是水稻提质增效的重要举措，是落实“藏粮于地、藏粮于技”战略的重要实践。2023年中央一号文件明确指出，鼓励有条件的地方发展再生稻。我国适宜种植再生稻的面积为1.9亿亩，但目前的种植面积仅为1 600余万亩，再生稻还有很大的发展空间。但受专用品种少、机械收获碾压程度重、温光条件要求高等因素的限制，当前发展再生稻的主要任务仍然是稳面积和稳产量。

一、再生稻模式的现状

湖北省再生稻生产在全国具有重要地位。20世纪50年代，湖北的再生稻种植就初具规模，但由于当时再生稻产量低且不稳定（单产仅为40kg/亩），后来逐渐被双季稻所取代。

进入21世纪，随着粮食安全的关注度提高，再生稻作为一种经济高效、增产增收的水稻栽培模式越来越受到重视。湖北省多地结合本地的生产实际，有组织地开展了再生稻高产栽培技术的研究与示范，同时筛选优质高产再生力强的杂交稻品种进行示范推广，再生稻的产量和效益均有较大提高，种植面积也呈现上升的势头。现阶段，湖北省再生稻种植面积300多万亩，单产达到220kg/亩左右。蕲春县是湖北省再生稻发展较快的县，该县从2004年起就组织开展了再生稻品种的筛选和高产高效栽培技术的研究与示范推广，成效显著。2011年该县再生稻推广面积逾10万亩，赤东镇酒铺村的再生稻高产创建千亩核心示范片，经专家现场验收，头季平均产量达673.6kg/亩，再生季平均产量380.8kg/亩，两季总产达到1 054.4kg/亩，成为全省再生稻大面积高产典型，并在全国具有较大影响。

湖北省具有稳步发展再生稻的有利条件，主要体现在两个方面。

第一，湖北省有充足的再生稻生长发育所需要的温、光、水资源。江汉平原以南地区（包括荆州、仙桃、天门、潜江、黄冈、咸宁等市的全部以及孝感市的大部分地区），荆门市的沙洋县、钟祥市，宜昌市的枝江市、当阳市等部分地区，这些地区年均气温16℃左右，无霜期240～270d，雨量充沛、光热雨同季。温、光、水资源完全可以满足再生稻生长发育的需要，是再生稻的适宜种植区域。

第二，湖北省有丰富的发展再生稻的耕地资源。湖北省地处我国“黄金水稻带”长江流域的中部，历来是我国重要的水稻产区之一。湖北省稻作制度是单季稻和双季稻并存，20世纪90年代湖北省早、中、晚稻的面积呈三足鼎立之势。但随后由于农村劳动力变化和生产成本快速增长，产区大幅减少了双季稻面积，扩大了一季中稻面积。截至目前，全省一季中稻面积已由20世纪90年代的1 500万亩扩大到1 995万亩。这些调整增加的一季中稻面积，有大部分适宜种植再生稻，是发展再生稻的有效耕地资源，加上原有一季中稻中的部分面积也适宜改种再生稻，全省可供发展再生稻的耕地面积预计在750万亩以上。根据湖北省再生稻的发展潜力，开发利用其中七、八成是完全可行的，按再生稻的再生季产量300kg/亩计算，每年全省即可增产稻谷15亿～20亿kg。

二、再生稻模式存在的主要问题

1. 再生季未列入政策支持

当前，影响湖北省再生稻生产面积的原因，主要是对再生季的认识和栽培技术的推广应用。再生季没有作为一季粮食种植面积纳入统计，享受不到种粮补贴，缺少政策上的支持。部分地区农民认识不够，抱着有收就收、无收就丢的态度，没有真正作为一季庄稼种，蓄留再生稻的保收率不高。

2. 再生季单产需要提高

目前湖北省再生稻的再生季单产水平仅220kg/亩，若技术到位，完全可以达到 300kg/ 亩以上。主要原因是再生稻品种选育尚未取得重大突破，再生能力强的品种不多；再生稻促芽水肥管理技术不到位等；现有普通收割机收割头季稻时，其履带会碾压 20% ～ 30% 的稻茬，导致头季机械收割比人工撩穗收割的再生季稻谷产量损失 25% 左右。

3. 再生稻品质有待提升

再生稻头季稻的品质不佳，出糙率往往在 75% 以下，主要原因是再生稻头季稻灌浆期一直处于高温阶段，昼夜温差小，呼吸消耗多，灌浆速度快、灌浆期短。再生季，由于头季收割碾压，导致再生季成熟度不一致，稻米整精米率偏低。

三、再生稻模式的优化

湖北省集成了机收再生稻高产高效栽培技术模式，在理论上阐明了再生稻丰产优质高效的机理，在技术上创新了适合机收再生稻的绿色高效模式。提出发挥品种优势、优化两季群体是机收再生稻丰产的关键，创新了机收再生稻的“234 栽培法”，即“2”：筛选适合机收再生稻生产的优良品种和配套的良法种植；“3”：促主季早发、促中后期根系强壮、促再生芽健壮；“4”：优化施肥、优化管水、优化病虫害综合防控、优化稻米品质。与此同时，研发了双割台、碾压比小的适合再生稻生产的专用收割机，研制了适合再生稻绿色优质高效生产配套的物化产品。该技术应用可实现再生稻周年亩产 1 000kg 以上，改善稻米品质的同时还可提高光温资源利用效率，显著降低劳动强度和生产成本。在此基础上形成的“一种两收”机收再生稻模式，相比传统双季稻每亩节本增效 300 ～ 400 元；大幅减少了稻农的劳动力投入。同时在“234 栽培法”的管理技术下，可减少氮肥和农药施用量 30% 以上。

1.“一种两收”机收再生稻模式

选用头季稻能高产、熟期适宜、品质优良、抗逆性强、适应性广、再生能力强的品种或组合。以早中熟品种为主，生育期在 135d 以内，如丰两优香 1 号、两优 6326、天两优 616、新两优 223、黄华占等。机插秧秧龄 20d，株距调整到 13cm 左右，每亩插足基本苗 6 万左右。机收时，收割前晒田时间可适当提早和延长，要求田面彻底晒干发白，防止机械收获时对母茎碾压损伤比例过大而影响再生季产量。适时施用促芽肥，一般在头季稻收割前 10 ～ 15d 施用，如果在雨后施用效果更好，亩施尿素 7.5 ～ 10kg、氯化钾 5 ～ 7.5kg。根据头季稻的类型、高度和收割时间确定适宜的留茬高度，留茬高度与倒二叶叶枕平齐为宜。收割时，要做到平割整齐一致。头季稻收割后，立即灌水护苗，提高倒二节、倒三节位芽的成苗率。再生稻齐苗后保持田间干干湿湿，施好提苗肥。再生稻提苗肥一般在头季稻收割后 2 ～ 3d 施用，每亩施尿素 3 ～ 5kg，促使再生苗整齐粗壮。由于再生稻各节位再生芽生长发育先后不一，抽穗成熟期也参差不齐，要坚持黄熟收割，不宜过早，以免影响产量。

2. 稻—再—油（肥）模式

水稻选择生育期 135d 以内、品质优、再生力强的品种。油菜选用早熟、双低、生长茂盛、抗性强的优良品种。3 月中下旬适时水稻播种，培育壮秧，机插秧秧龄 20d 左右。移栽后 5 ～ 7d 追施返青肥，晒田复水后亩追施尿素 5kg。头季稻适时机收，收割前 10 ～ 15d 亩施尿素 7.5 ～ 10kg 促芽肥。收割前 7d 排水，自然落干。机收时注意减少碾压稻桩，留茬高度 35 ～ 40cm。运用绿色防控技术，及时防治病虫害。头季稻收割后，立即灌水护苗，亩施尿素 3 ～ 5kg，提高腋芽的成苗率。完熟期择晴收割再生季，收割后及时播种油菜（肥）。

第三节　因地制宜发展稻虾模式

稻虾共作是一种现代化的种养型农业生态模式，是指在一季稻田的种植中养殖两季虾，让虾和水稻作物共同生长。在“一田双收、一水两用”种养结合的农业模式下，水稻和虾互惠共生，提高水土资源的利用率，在稳定粮食生产的同时，既增加了农民的经济收入，也改善了农田生态环境。

一、稻虾模式的现状

21世纪以来，湖北省稻田种养发展面积和产量呈现“阶梯式”增长趋势。2001—2005年，种养面积基本稳定在37.5万亩上下；2006—2009年，稻田种养面积进入第一个增长阶梯区间，至2009年稻田种养面积达到242万亩、水稻产量达到1 843万t。在2010—2012年种养面积基本稳定在240万亩上下，2015年之后呈现“井喷式”增长，至2021年种养面积达到700万亩以上。2021年，湖北省小龙虾总产达到107.4万t，占全国小龙虾总产40.76%，在湖南、江西、安徽、江苏等小龙虾主产区中排名第一。此外，湖北省有11个县市入选2021年全国小龙虾养殖前30名县市，其中湖北监利、洪湖和潜江位居小龙虾产量大县前三甲。

湖北省稻田养虾模式发源于湖北省潜江市，2001年潜江市积玉口镇农民刘主权率先在冬春季将小龙虾引进低洼稻田，成功实现稻田小龙虾寄养。2004年，在潜江市农技推广中心等有关部门支持帮助下，成功研发出“稻虾连作模式”，促进了稻虾连作模式在潜江市的第一次大面积推广；2006年，湖北省委一号文件将“稻虾连作”模式写进其中，促进了早期稻虾连作模式在湖北省各地县市的发展。2012年在全国新一轮稻田综合种养发展的大背景下，湖北省农业技术推广中心在潜江、仙桃和洪湖开展“稻虾连作”模式试验示范。2013年潜江市在“稻虾连作”模式的基础上开发出“稻虾共作”模式，并制定《潜江龙虾“虾稻共作”技术规程》，将原先的“一稻一虾”变成“一稻两虾”，解决了中稻种植和小龙虾养殖的茬口矛盾，在保证水稻正常生长的同时，提高了小龙虾产量，增加了稻田效益。

在稻虾模式快速发展过程中，由于理论和技术落后于生产实际、缺乏科学指导，同时一味追求规模和利益，优质品种和绿色生产技术未受重视，发展不规范的问题突出，偏离了绿色可持续要求，出现了诸如重虾轻稻、争地争水等现象，不合理的养殖也造成水资源浪费、生物多样性破坏、水体环境恶化、土壤退化、产品品质下降等问题。

二、稻虾模式存在的主要问题

1. 重虾轻稻

部分地区稻田养虾无序发展，由“稻田养虾”变成“虾田种稻”，不仅有违稻渔综合种养“不与人争粮，不与粮争地”的基本原则，而且忽略了当地自然资源特点，造成资源浪费，阻碍了农业绿色、高质量发展。“重虾轻稻”现象的表现为:（1）部分农户追求小龙虾产量效益，为了利于小龙虾种苗的繁育和龙虾的夏季生长，往往扩大虾沟比例，致使环沟面积占比过大;（2）部分农户只养虾、不种稻，即使种稻，只种只收不管理，不晒田、不施肥，水稻管理粗放，导致稻虾田水稻单产偏低;（3）部分地区农民为了效益盲目追求小龙虾高产，过度养殖，超量投肥，不利于稻、虾品质的提高。

2. 土壤次生潜育化风险加大

稻虾共作模式主要分布在水资源丰富的平原湖区，大都利用的是低湖田、冷浸田、烂泥田。这类稻田地势低洼、排水不畅、土壤透气性差，土壤温度低，泥土稀散，有毒有害还原性物质积累，养分转化缓慢，严重制约水稻高产。理论分析和实践证明，稻田引入小龙虾养殖后，改变了稻田生态过程，对于水稻生产和土壤保护有利有弊，饲料的大量投入引起了土壤供肥特性变化，稻田淹水时间延长加大了土壤次生潜育化风险。

3. 水资源消耗与环境污染

稻虾模式周年耗水量是水稻单作耗水量的 2 ～ 3 倍。一些丘陵地区地下水位低的灌溉稻田，实施稻虾模式，每亩稻田虽然可增加蓄水 200 m^3，但却增加耗水量 50% ～ 80%，最终降低了水分利用效率。不仅如此，在实际生产中，由于秸秆还田和饲料的投入，稻田养殖田面水的氮、磷含量，硝态氮、铵态氮含量都高于水稻单作，而且经营者为了获得更高的养殖动物产量，投放的饲料大多是过量的，这显著增加了稻田水体的养分含量，使水体更易富营养化。

4. 种养技术有待规范

2018 年发布的行业标准《稻田种养技术规范通则》中的技术指标，明确要求沟坑占比不超过总种养面积的 10%，实施绿色生产。在实际生产中，经营者往往只关注 4 ～ 5m 宽的沟而忽略了稻田面积比，甚至为了提高养虾产量，沟宽达到 6 ～ 7m，致使一些稻虾模式养殖沟占稻田面积的 20% ～ 30%；生产中还增加养殖强度，实施“一稻两虾”“一稻三虾”“一稻四虾”等，大量投放不合标准要求的物料（饲料，肥料，改土、改水制剂等），失去了稻虾互利共生、良性循环、绿色生态的本色。如何协调实际生产中的水稻和小龙虾的接茬时间差异，解决稻虾种养争地争水等问题，实现虾稻双赢，仍缺乏规范化、标准化生产体系。因此，必须通过学科交叉与整合，将水稻和小龙虾作为一个完整体系，研究稻田种养的适宜条件、田间布局及绿色种养技术。

三、稻虾模式的优化

合理规范的稻虾共作，对稳粮增效、农民增收、绿色发展有重要意义，但盲目发展、不规范的管理也会带来一些负面影响。为了促进稻虾共作模式健康发展，必须优化稻虾种养模式，创新种养技术。

1. 因地制宜发展稻虾共作

稻虾共作多选择在阳光充足，生态环境良好，周围水源丰富、远离污染，水质清澈、排灌方便的稻田，而一般地下水位低、砂性不保水的漏水田、水资源不足、水质不佳的稻田以及冷浸的冲田，不适宜发展稻虾共作。

2. 稻虾共作模式标准化、规范化

标准化和规范化是优化稻虾共作模式的前提和关键。主要可从优质稻品种标准、稻田田间工程建设、稻田全年水分调控技术、小龙虾投食和水稻有机耦合肥料运筹技术、小龙虾健康生态养殖技术和稻田绿色防控技术 6 个方面进行关键技术标准化和规范化操作，生产出优质安全的生态稻虾产品。如湖北省潜江市，近几年采用黄华占、鄂中 5 号、泰优 390 等品种，打造“虾乡稻”“水乡虾稻”等稻米品牌，提高了稻米品质，保障了种稻效益。

3. 关键技术集成创新

稻虾共作技术集成创新是稻虾共作生态种养模式得以有效推广的技术保障。利用稻虾共作互惠互利的生态学理论，建立合理的水稻和小龙虾群体时空搭配（主要包括小龙虾适宜密度和产量的确定，以及水稻茬口、品种生育期长短安排和选择），并整合稻虾共作稻田各项关键技术规范，形成稻虾共作生态种养技术体系。

4. 加强产业建设

打造稻虾品牌，采取“龙头企业 + 合作社 + 农户”的模式，培育稻田综合种养的专业大户、家庭农场、专业合作社、龙头企业等新型经营主体，完善利益分配机制，推进土地规模流转，提高稻田种养的机械化程度。因地制宜建立稳定的、可持续的“稻虾友好、环境友好、人财物生产关系友好”的大生态生产系统、大产业体系，以绿色生态为基础，以绿色革命和绿色创新为核心，推动虾稻综合种养科技、生产、生态、加工、市场、文化协同发展，不断加强虾稻品牌的培育、认定、宣传和推广，利用“互联网 +”电商模式打造品牌效应，打造虾稻品牌内涵和美誉度，强化虾稻文化建设，推动虾稻产业发展。

5. 稻虾共作生态种养模式

选择抗倒伏性能好，抗病力强、产量高、米质优，生育期适中的中稻品种。机械插秧适宜播种期为 5 月 15—20 日。优先采用农业防治、物理防治和生物防治。不得使用有机磷、菊酯类高毒、高残留的杀虫剂和对小龙虾有毒的氰氟草酯、噁单酮等除草剂。水稻收割以后，以 30 ～ 50 亩为一个单元进行改造为宜，沿稻田田埂外缘开挖环形沟，沟宽 3 ～ 4m、深 1 ～ 1.5m，坡比 1∶1.5。利用开挖环形沟挖出的泥土加固、加高、加宽田埂。田埂高 0.6 ～ 0.8m、宽 2 ～ 3m。稻田面积达到 50 亩以上的，加开宽 1 ～ 2m、深 0.8m 的田间沟。在环形沟开挖时选择稻田一角建 4m 宽的机耕道。可选择两种小龙虾养殖模式。一是投放虾苗养殖模式，可选择两种小龙虾养殖方式。9—10 月，中稻收割后，选择优良克氏原螯虾苗，每亩投放 2 ～ 4cm 的幼虾 1.5 万～ 3.0 万尾。翌年 4—5 月若虾子群体偏小，可适当补投 3 ～ 4cm 的虾苗。二是投放亲虾养殖模式。8 月底至 9 月初，初次养殖田块，中稻收割前 15d 往稻田的环形沟和田间沟中投放亲虾，每亩投放 20 ～ 30kg，亲虾雌、雄性比 3∶1。已养稻田，根据小龙虾存养密度适当补投亲虾，雌、雄性比（2 ～ 3）∶1。同一池塘放养的虾苗虾种规格要一致，一次放足。8 月底投放的亲虾宜少量投喂动物性饲料，每日投喂量为亲虾总重的 1%。12 月前每月亩施 100 ～ 150kg 腐熟农家肥，每周投喂一次亲虾总重 2% ～ 5% 的动物性饲料。当水温低于 12℃时，不再投喂。翌年 3 月水温高于 16℃时，每日傍晚投喂存虾量 1% ～ 4% 的小麦、麸皮等人工饲料或等量配合饲料。每周亩补投 0.5 ～ 1.0kg 动物性饲料。第一季捕捞时间在 4 月中旬至 6 月上旬，遵循捕大留小的原则；第二季捕捞时间在 8 月上旬至 9 月下旬，遵循捕小留大的原则。地笼网眼规格应为 2.5 ～ 3.0cm，捕捞成虾规格在 25g/ 尾以上。

第四节　积极推广双季稻双直播模式

在新增水稻面积十分困难的情况下，发展双季稻是提高水稻种植面积和总产的重要途径之一。大力发展双季稻双直播模式，能够显著降低双季稻生产的劳动强度，促进水稻机械化、规模化生产，提高资源利用效率和生产效益，顺应了水稻生产转型的要求，也有利于稳定水稻种植面积、保障粮食安全。

一、双季稻模式的现状

双季稻在湖北省水稻生产中占有举足轻重的地位。首先是所占比重较大。双季稻发展高峰期其产量一般占到水稻总产的50%～60%。近几年，双季稻种植面积仍占水稻面积的11%左右。其次是对水稻丰歉的影响较大。1995—2003年，湖北省双季稻面积从2 144万亩下降到1 009万亩，水稻总产则从173亿kg下滑到134亿kg。2004—2007年，湖北省连续4年扩大双季稻面积，水稻产量也连续实现4年增产。双季稻与水稻生产同增同减的正相关走势明显。基本呈现出双季稻面积减少水稻总产减少，双季稻面积增加水稻总产增加的规律。因此，恢复发展双季稻生产，才能确保湖北省水稻稳定增产。湖北省耕地面积在不断减少，提高复种指数，在适宜地区恢复发展一定面积的双季稻，既可以增加粮食种植面积，又可以提高单位耕地面积产量和总产。

湖北省统计年鉴显示，2007年早稻面积514.8万亩，单产377.8kg/亩，晚稻面积603.5万亩，单产389.7kg/亩，中稻面积1 850万亩，单产570.9kg/亩，早晚两季相加为767.5kg/亩，比一季中稻高196.6kg/亩。

随着水稻轻简化种植技术的发展，双季双机插、早直晚抛等技术日益为群众所接受，特别是双季双直播，减少了育秧、插秧环节，生产更加轻简化，逐渐为群众所青睐。在全国稻作区划中，湖北省属于华中单、双季稻作区，适合种植双季稻的地区包括鄂东南稻区和江汉平原一部分，历史上最大面积约为1 000万亩，而目前仅有528万亩。在湖北地区推广双季双直播，恢复发展双季稻面积，对湖北省乃至全国水稻生产具有重要意义。

二、双季双直播模式的突破

水稻直播的生产方式操作简单，更加省工省力，节本增效。但是将直播技术应用到湖北省的双季稻生产中，一直以来都是一个技术难题。因为湖北省地处南北过渡带，是双季稻生产的最北缘区之一，“倒春寒”和“寒露风”

的双重夹击，给双季稻的生产设定了一个严格的“窗口期”，一般时间界限为 203d。双季双直播减少了育秧环节也意味着早晚稻从种子到成熟的过程都要在大田完成，以湖北的气候条件，技术难度相当大。同时，直播稻生产过程中的杂草防控、一播全苗、水肥管理等技术问题，也制约了双季双直播的发展。

“十三五”期间，在国家重点研发计划粮丰工程项目的支持下，湖北省开展了双季双直播技术创新，取得了一系列突破。直播稻要解决的首要问题就是杂草问题。采用以水控草、以密控草、以化控草的“三控”技术进行草害控制，能够减少杂草的危害，每亩还节省化学除草剂成本 30 ～ 50 元。为规避“倒春寒”和“寒露风”给双季稻带来的风险，严格控制早晚稻品种搭配和播期。采用“扬晚抑早”的策略，选择双季双直播的早晚稻品种全生育期不得超过 105d。在安排播期上，早稻应在 4 月 5 日左右直播，不能早于 4 月 1 日，不能晚于 4 月 10 日，常规稻播量在 7.5kg 左右，杂交稻播量在 3 ～ 4kg；早稻应在 7 月 15 日收割，最晚不得晚于 7 月 20 日；晚稻应在 7 月 20 日左右直播，最晚不能晚于 7 月 25 日。特殊年份如遇到极端天气早稻不能按时完全成熟的，为保证晚稻效益，在 8 成熟时提前收割早稻，确保晚稻。同时，采取包衣和引发结合，促进早稻一播全苗和早生快发，为晚稻生产腾出时间。遇到极端天气，可以采用化控剂结合水肥管理促进齐穗灌浆。针对早晚稻茬口衔接紧、秸秆处理难的问题，应在早稻收获时将秸秆粉碎至 10cm 以内，同时做到精细整地，确保晚稻出苗。在周年养分运筹方面，采用机直播侧深施肥技术进行肥料深施，促进根系发育、提高肥效、减少肥料流失。采用“早轻晚重”进行氮肥管理，早稻减少氮肥用量，防止贪青。同时周年养分运筹中，早稻磷肥用量占全年 70% 左右，防止早稻因前期气温低，磷肥有效性差，造成缺磷僵苗。晚稻钾肥用量占全年 70% 左右，增强晚稻抗高温、防“寒露风”能力，防止倒伏。

双季双直播技术的突破，减轻了生产劳动强度、节约了种植成本、较单季稻大幅提高了产量。种粮大户、家庭农场、专业合作社等新型经营主体看到了双季双直播的明显优势，纷纷采用双季双直播技术种植双季稻。从2019年开始，湖北省在江夏区、荆州区、洪湖市、监利市、公安县、咸安区、嘉鱼县、通城县、浠水县、蕲春县、团风县、武穴市、黄梅县、黄州区等14个县（市、区）进行示范推广，建立千亩示范方23个，示范面积3.75万亩。以浠水的2 000亩双季双直播示范基地为例，可实现亩平均收益1 500元，实现纯效益600元，比一季中稻亩平均增收300元；2 000亩可实现纯收益120万元，比种植一季中稻增收60万元。近几年，湖北省双季双直播技术应用势头良好，双季双直播面积逐年增加。

三、双季双直播模式的优势

国家重点研发计划“粮食丰产增效科技创新”重点专项“湖北单双季稻混作区周年机械化丰产增效技术集成与示范”项目组，对双季双直播模式的优势，进行了研究分析。双季稻双直播可以作为一种轻简、绿色的种植方式替代传统移栽双季稻。双季稻双直播模式在长江中下游地区周年产量能够达到1 000kg/亩。该产量水平要显著高于采用相同短生育期水稻品种的移栽双季稻模式。值得关注的是，双季稻双直播模式的周年生育期要比移栽双季稻减少28d，但是，通过早发、叶面积和分蘖快速生长，大幅提高了生长前期的辐射拦截量，从而弥补了生育期缩短对干物质积累和产量的负面影响。从氮肥利用效率的角度看，双季稻双直播氮肥回收效率相比移栽双季稻提高25%，能够减轻稻田氮肥流失对生态环境的破坏。然而，由于其氮肥生理效率较低，氮肥农学效率在双季稻双直播和移栽双季稻模式之间无明显差异。另外，双季稻双直播模式甲烷排放量较低，其单位面积增温潜势相比于传统移栽双季稻下降29%，单位产量增温潜势降低31%。2021年，国家重点研发计划“粮食丰产增效科技创新”重点专项“湖北单双季稻混作区周年机械化丰产增效技术集成与示范”项目组，集成创新的双季稻双季机械化直播技术，被确定为湖北省农业主推技术。

四、双季双直播轻简化模式

双季双直播轻简化模式是以机械精量穴直播技术为核心，集成相关适宜栽培管理技术，形成的双季稻周年机械化轻简高效栽培种植模式，适宜在鄂东、鄂东南、江汉平原等双季稻种植区应用推广。选择生育期在110d以内、日产量高、抗性较好的早稻品种，如冈早籼11号、两优287、中早39等。早稻宜在4月5日左右播种，日均气温稳定在12℃以上。晚稻宜在7月20日左右播种，最迟不得晚于7月25日。采用同步开沟起垄的水稻精量穴直播机进行直播，穴距为12cm，行距常规稻为20cm、杂交稻为25cm。杂交稻每穴播种3～5粒谷、常规稻每穴播种5～8粒谷。种子直播后3d内进行芽前封闭除草，施药要均匀且全田覆盖。在三叶一心期选择对口药剂杀灭余草，药后保持5～7d水层。播后保持田面湿润有水迹，便于种子扎根。在水稻封行时，根据苗情适当早晒、重晒田，防止倒伏。氮肥管理宜“早轻晚重”，早稻氮肥用量每亩10kg左右，晚稻氮肥用量每亩12kg左右。早稻磷肥用量占全年70%左右，晚稻钾肥用量占全年70%左右。

早稻如遇“倒春寒”等灾害天气，7月20日之前不能完全成熟的，要及时收割，确保晚稻生产。农户自留种要注意田间除杂，播前测定发芽率以调整播量，当年早稻种不宜直接作晚稻播种。

第五节　着力探索稻菇模式

稻菇模式是指利用水稻收获后的冬闲稻田种植赤松茸、大球盖菇等食用菌，是一种消纳稻田秸秆、提升土壤肥力、促进农业生态循环的种植模式。在该模式下，种菇与种粮不争地、不争季节、不争劳动力，实现了种植业废弃物循环利用，在确保种粮面积稳定的前提下，明显提升了农民的经济效益，是现阶段水稻轮作栽培模式的有效补充。

一、稻菇模式的现状

据农业部门统计，2021 年湖北省稻田栽培菌菇的面积已发展到近 1 万亩。由于栽培 1 亩菌菇需稻草 6 000kg，相当于消化了 8 ～ 10 亩稻田的秸秆。因此，水稻秸秆通过种菇后还田，不仅给农民带来了显著的经济效益，而且避免了秸秆焚烧所产生的二氧化碳排放和空气污染，具有明显的生态效益。稻草通过栽培菌菇，生物质得到循环利用，比直接还田效果更好。不仅如此，菌菇渣有机质含量超过 50%，并含有纤维素、木质素等，是一种很好的土壤调理剂和有机肥料，可增加土壤有机质含量，减少氮、磷的损失。此外，稻菇轮作还有利于减少菌菇病虫害，实现稻、菇稳产高产。

目前，稻菇模式主要是以稻田露天栽培菌菇方式进行，该方式虽然比较粗放，但它吸取了菌菇培养料的堆制和纯种培养等技术优点，投入小，经济效益较高，比较适合于湖北省现阶段的农村经济和技术发展水平，易于推广。每亩稻田菌菇产值一般可达 9 000 元左右，纯利润达 4 000 元左右。

二、稻菇模式的可持续发展

稻菇轮作是近几年才兴起的一种栽培方式，符合水稻生产转型的要求，为农民所青睐。但是，要实现稻菇模式可持续发展，还需要进行一些深入的考察和研究，并从产业发展角度做好相应的配套建设。

一是要组织关键技术研究。开展稻菇轮作条件下土壤环境对菌菇品质及安全性方面的影响研究，防止土壤重金属和农残对菌菇品质的影响，确保稻田菌菇产品的食用安全性。充分认识稻菇模式下病虫害发生规律，有针对性地采取绿色综合防控措施，减少病虫的为害。

二是要制定和完善稻菇轮作标准化栽培技术，促进稻、菇稳产高产。稻田露天栽培菌菇的产量受自然气候的影响较大，因此，应根据当地的气候特点和菇农的种菇实践，确定最佳栽培季节。为了避免田间杂菌的污染，一般选择在相对较低的气温下接种和发菌比较安全，但栽培季节过迟，当年不能出菇。稻田栽培菌菇的堆肥一般未经过二次发酵，因此，应做到堆肥的一次发酵尽量彻底，并确保培养料无病虫害。稻田菌菇的田间管理，尽量满足稻田菌菇在菌丝生长阶段和出菇阶段对温度、湿度、光线等条件的不同要求。

三是要构建菌菇产业链。建立菌菇销售网络和加工企业是实现菌菇产业可持续发展的重要保证。稻田菌菇投入成本低、原料丰富、具有大规模产业化的潜力。产品的销售将是该产业发展的主要瓶颈。我国发展稻菇轮作的区域一般远离大城市，不利于菌菇的鲜销，特别是在稻菇模式发展的起步阶段，需要政府在菌菇销售、加工方面，给予必要的政策支持，从而降低市场风险，避免菇贱伤农。

三、“水稻 + 大球盖菇”高效生态模式

中稻播期为 4 月下旬至 5 月上旬，一季晚稻播期为 5 月下旬至 6 月上旬，再生稻播期为 3 月下旬至 4 月上旬。水稻收获后稻草在田间晾晒备用，9 月下旬至 10 月中下旬播种大球盖菇。以稻草为主要培养料，辅料为玉米芯、稻谷壳、棉秆、碎木屑等。每亩备足稻草 4 500kg、稻谷壳等辅料 2 000kg 及大球盖菇菌种 250 ～ 300kg。采用 3 层料 2 层菌种播种方式。稻田按 1m 左右分厢，整平厢面后施用石灰 30 ～ 50kg/ 亩。底层平铺稻草厚约 30cm，接种大球盖菇前 2d 左右预湿润至含水量 60% 左右。播种时将菌种掰成直径 3 ～ 5cm 块状进行穴播，菌块间距 15cm 左右。播种后覆盖粉碎的辅料 5 ～ 10cm，随后在辅料上面分散播撒大球盖菇菌块。再在上面覆盖约 25cm 的稻草，使用起垄作畦和走道壤土进行覆土，厚度以面层看不到稻草为准，随后覆盖黑色农膜。出菇管理重点是保湿、保温及栽培场地通风，保证覆盖物呈湿润状态。有条件的情况下，可采用自动化控制温室，发菌期间温度控制在 22 ～ 27℃，

培养料含水量65%～70%；出菇适宜温度12～25℃，空气湿度90%左右。采收后及时填平料面，清除残菇，补足水分，覆草养菌。一般大棚条件下播种50d左右出菇，露地条件下视播种后的温度条件，温度偏低时需要70多天后才开始出菇，至翌年4月底。采收后及时销售、加工、储藏。

参考文献

蔡俊松，钟燕，曾卓，等，2018. 基于成本和收益的湖北省油菜生产发展研究[J]. 湖北农业科学，57(7): 125–126, 130.

曹凑贵，2019. 稻田种养的“双刃性”与“双水双绿”模式[C]. 2019年中国作物学会学术年会论文摘要集，70.

曹鹏，刘丹，张建设，等，2020. 湖北省再生稻产业协同推广机制创新与实践[J]. 湖北农业科学，59(19): 27–30, 203.

陈松文，江洋，汪金平，等，2020. 湖北省稻虾模式发展现状与对策分析[J]. 华中农业大学学报，39(2): 1–7.

程泰，廖宜涛，陈爱武，等，2022. 湖北省油菜机械化生产现状及问题与对策建议[J]. 中国农技推广，38(10): 13–14.

费震江，董华林，武晓智，等，2013. 湖北省再生稻发展的现状及潜力[J]. 湖北农业科学，52(24): 5977–5978, 6002.

郭智，肖敏，陈留根，等，2010. 稻麦两熟农田稻季养分径流流失特征[J]. 生态环境学报，19(7): 1622–1627.

郭子平，2005. 湖北省双低油菜产业发展现状与对策[J]. 湖北农业科学(4):4–7.

黄友钦，刘仕琳，1991. 再生稻的研究利用概况与前景[J]. 杂交水稻(3): 45–48.

蒋宁飞，王运，李衍，等，2022. 稻油两熟制下水稻品种筛选研究[J]. 中国种业(11): 75–78.

李经勇，张洪松，唐永群，2009. 中国再生稻研究与应用[J]. 南方农业(3): 88–92.

罗昆，2016. 湖北省再生稻产业发展现状及对策[J]. 湖北农业科学，55(12):

3001–3002.
缪礼鸿 , 2008. 稻—菇轮作栽培模式的经济、生态效益分析及发展建议 [J]. 农业科技通讯 , 436(4): 32–33.
人民日报, 2018. 2000万亩小龙虾, 对中国意味着什么?[EB/OL]. https://baijiahao.baidu.com/s?id=1674232001892453886&wfr =spider&for=pc.
汪本福 , 张枝盛 , 李阳 , 等 , 2018. 新形势下湖北粳稻发展现状、存在问题及发展思路 [J]. 中国稻米 , 24(05): 93–95.
吴桂成 , 史平 , 李晓峰 , 等 , 2019. 昆山市稻麦产业发展现状、存在问题与技术需求 [J]. 安徽农学通报 , 25(24): 36–37.
杨帆 , 王林松 , 2015. 湖北小麦生产全程机械化存在的问题及对策建议 [J]. 湖北农机化 (2): 22–23.
游艾青 , 陈亿毅 , 陈志军 , 2009. 湖北省双季稻生产的现状及发展对策 [J]. 湖北农业科学 , 48(12): 3190–3193.
詹学武 , 2016. 湖北地区双季稻直播种植模式研究 [D]. 武汉 : 华中农业大学 .
张启发 , 2018. 以“双水双绿”重塑“鱼米之乡”[EB/OL]. 湖北日报 , https://www.sohu.com/a/235594066_407289.
周玮峰 , 鲁剑巍 , 程应德 , 等 , 2019. 油菜谷林飞播秸秆全量还田种植模式技术要点 [J]. 中国农技推广 , 35(S1): 46–48.
Yu X, Tao X, Liao J, et al., 2022. Predicting potential cultivation region and paddy area for ratoon rice production in China using Maxent model[J]. Field Crops Research, 275: 108372.

第六章　转型期湖北水稻“籼改粳”策略

农业农村部在《全国粳稻发展规划（2011—2015）》中明确指出，湖北、江苏、安徽三省为南方粳稻适宜生态区。现阶段，湖北省常年粳稻种植面积200万亩，仅占水稻种植面积7%左右。湖北省籼—粳结构失衡，因地制宜扩大中、迟熟粳稻种植面积，提升单产潜力，既是落实国家发展规划的需要，也是适应水稻生产转型的需要。当前水稻生产面临价格天花板封顶、生产成本地板抬升、资源环境约束等挑战，迫切需要加快品种和品质结构的调整，以实现水稻生产提质增效。湖北水稻生产应抢抓机遇，扬籼稻生产之长，补粳稻生产之短，适应自然资源条件和市场需求，合理布局籼稻与粳稻生产。

第一节　湖北粳稻发展历程

湖北省有悠久的粳稻种植历史和习惯。通过屈家岭等地的炭化稻谷考古工作发现，湖北地区在5 000多年前就有了粳稻种植。在长期水稻生产实践过程中，逐步形成了以籼稻种植为主、籼稻与粳稻并存的局面。

一、“籼改粳”探索起步期（20世纪50年代中后期）

20世纪50年代，我国著名的稻麦专家莫定森通过对长江流域和珠江流域各地的深入调查和研究发现，当时的籼稻品种植株过高、不耐肥和密植、易倒伏，而粳稻的株型较矮、耐肥不易倒伏，且耐寒、适宜早播，如果进行“籼改粳”，每亩可增产稻谷 50 ～ 60kg。因此，1953 年农业部提出了包括单季稻改双季稻、间作稻改连作稻和籼稻改粳稻的“水稻三改”方针，并获得政府支持和各个地区的积极响应。短短 3 年时间，湖北省“籼改粳”面积达到 400 万亩，长江流域“籼改粳”面积超过 1 000 万亩。因长江流域粳稻自有品种缺乏，主要从北方引种，称为“北粳南引”。由于当时区试制度尚不完善，湖南、湖北两省 1956 年因引种“青森 5 号”不当，导致粳稻减产严重甚至出现颗粒无收，史称“青森 5 号”事件。根据湖北省的初步调查，当年共减产稻谷约两亿多斤。此后很长一段时间，湖北省“籼改粳”工作陷于停滞，甚至是“谈粳色变”。

二、粳稻发展高峰期（20 世纪 70 年代）

20 世纪 70 年代，籼粳稻杂交育种研究取得重要进展。籼粳稻亚种间杂交具有明显的生长优势和产量优势，克服了籼粳交杂种不育、生育期超亲晚熟和植株偏高三大问题，并先后育成了大量具有部分籼稻特征的粳稻新品种。20 世纪 70 年代末，由湖北省农业科学院选育的鄂晚 3 号、鄂晚 5 号等粳稻晚稻品种具有高产、稳产等特性，开始在湖北省推广应用，“籼改粳”面积一度达到 1 800 万亩。此间，长江流域的籼改粳面积也得到大幅提升，为日后“北粳南引”的重新研究奠定了坚实的理论和实践基础。

三、粳稻发展缩减期（20 世纪 80 年代）

到了 20 世纪 80 年代初，农民已逐步掌握杂交稻栽培技术，杂交籼稻表现出明显的产量优势，对粳稻生产形成强大的挤压，再加上常规粳稻肥水要求高、难脱粒等问题比较突出，又出现了粳稻改籼稻的现象。同时，社会上对“籼改粳”担忧的报道和议论日益增多，粳稻种植面积进一步缩减。然而随着商品经济的发展，在计划经济向市场经济过渡中，沿海一些大中城市大米消费市场对粳稻需求日益强劲，人们又开始重视粳稻生产。

四、粳稻平稳发展期（20 世纪 90 年代后）

20 世纪中后期，由湖北科研单位育成了部分高产优质粳稻品种，包括 1 个不育系（鄂晚 17A），18 个常规粳稻品种，4 个杂交粳稻品种，其中，代表性的品种有鄂晚 5 号、鄂宜 105、鄂粳杂 1 号等。这些品种均具有适应性广、高产优质、易脱粒但不落粒的特点，在水稻生产中得到及时推广应用，使得湖北粳稻种植在 20 世纪 90 年代保持了平稳发展势头，常年种植面积在 600 万亩左右。之后，由于种种原因，导致粳稻种植面积逐年减少。到 21 世纪初期，湖北省粳稻种植面积基本稳定在 300 万亩左右。

五、粳稻发展转型期（2012 年至今）

2012 年湖北省通过粮棉油发展专项，再次启动水稻“籼改粳”工程。按照早籼稻搭配晚粳稻、中粳稻搭配小麦或油菜的思路，计划将粳稻面积从 300 万亩发展到 1 000 万亩。同时，组织相关力量，展开“籼改粳”研究与推广工作。一是开展适宜湖北生态区的粳稻品种鉴选工作。2012—2013 年，以湖北省农技推广总站牵头，组织湖北省农业科学院和华中农业大学等单位共同参与，从江苏、浙江、上海等地引入甬优 4949、甬优 2640 等产量潜力较高的籼粳杂交品种和优质常规粳稻品种，进行品种生态适应性筛选试验，筛选出一批适应湖北温光条件且产量潜力较高的优质粳稻品种。二是在重点示范县（市）开展大面积的生产示范。2012 年在襄阳市引种沪旱 3 号，采用良种良法配套，成功示范种植 100 亩，第二年继续开展沪旱 3 号引种示范，并扩大面积，建立了万亩的连片示范区。万亩示范区经湖北省农技推广总站组织专家测产，实测平均单产达到 691.2kg/ 亩，较相同种植水平下杂交籼稻每亩增产 52.3kg。随后，襄阳市加大粳稻推广应用面积。2013 年便在枣阳市、襄州区等地示范种植粳稻3万多亩。同年，湖北省适宜粳稻种植区示范种植粳稻新品种19.5万亩。湖北省农技推广总站再次组织全国范围内相关专家，对粳稻发展优势区域进行现场测产验收，随州市热粳优35千亩示范片现场测产，单产达到758.2kg/亩；荆州市甬优1540百亩示范片测产，单产达到702.1kg/亩。三是启动省级财政专项支持。2012年湖北省政府设立省财政专项，连续3年，每年投入1 400万元用于支持湖北省“籼改粳”工作。四是开展技术培训。湖北省农业科学院、华中农业大学和省农技推广总站，通过举办多形式多层次的培训班和现场会，围绕粳稻品种特性、育苗、整田播种、晒田技术、水肥管理、病虫害防治等方面，组织开展栽培技术培训，实现良种良法配套，充分挖掘了粳稻新品种的产量潜力。

从湖北省粳稻发展历程可以看出，湖北“籼改粳”过程大起大落，主要原因还是品种问题。无论是20世纪50年代的“青森事件”，还是70年代粳稻兴盛以及80年代后的衰退，皆与有无适合当时的粳稻品种密切相关。从湖北省粳稻育种情况来看，适应本省生态条件的优质高效粳稻品种依然缺乏，未来很长一段时间，湖北省“籼改粳”的重要任务仍然是选育本省适宜的粳稻品种。20世纪90年代以来，籼粳亚种杂交育种技术将粳稻育种推向了新的阶段，南方稻区培育了一大批典型粳稻品种，甬优系列曾创下了全国超级稻平均单产新纪录，优质食味粳稻南粳系列也斩获中国优质稻米“金奖稻品”的称号，这些高产、优质粳稻品种的育成，为湖北省开展“籼改粳”提供了可行之路和发展空间。当前，在湖北适宜种植粳稻区，农民已感受到稻米市场的需求变化，“籼改粳”意识明显增强，逐步成为一种自觉行为，粳稻生产表现出良好的发展势头，但是，与湖北省“籼改粳”规划相比，扩大粳稻面积任重道远，还需要不懈努力。

第二节　湖北发展粳稻的必要性与可行性

一、必要性分析

从消费层面来看，发展粳稻有市场需求。一是目前全国稻谷、小麦、玉米三大粮食实现基本自给，但品种结构性矛盾仍然突出，特别是粳稻偏紧。粳米的消费区域在逐渐扩大，基本上覆盖了全国，消费量亦占60%以上。相关研究显示，现阶段农民收入每增加10%，粳米需求量就增加1.4%，籼米则下降1.2%，随着人们生活水平的提高，粳米供求矛盾更加突出。二是随着人们生活水平的提高，粮食消费结构发生了巨大变化，粳稻消费市场呈扩大趋势，南方人“籼米改粳米”趋势越来越明显。近些年，北京、天津、上海等大城市和浙江、福建、广东等沿海地区粳稻消费日益增加，为粳稻消费净调入地区，而在西部的甘肃、青海等省份，粳稻消费需求也在与日俱增。中国粮食行业协会指出，近20年，中国人均粳米消费量从27.5kg增加到30kg，上升幅度居稻米之首，今后5年必须确保粳稻年产量在7 000万～7 500万t，大约占稻谷总量的36%，才能满足市场的需求。可见，转型期在湖北发展“籼改粳”，是适应我国粮食需求和市场消费需求变化的。

从生产层面来看，发展粳稻适应水稻生产转型要求。一是湖北省水稻种植以籼稻为主，粳稻种植面积偏少，仅占全省水稻种植面积的7%，单一的种植结构使得我省水稻品种结构性矛盾突出，粳稻供给偏紧，因此，从优化水稻品种结构调整角度来说，湖北省需要开展“籼改粳”工作。二是农业农村部在制定“十二五”规划时便出台了《全国粳稻发展规划（2011—2015）》，规划指出我国粳稻生产面积要在现有的基础上再增加3 000万亩，其中江苏、安徽、湖北三省被划入南方粳稻适宜生态区。三是湖北省拥有丰富的温光资源可供粳稻生产利用：年均气温 15.9 ～ 17.0℃，年活动积温可达 4 800 ～ 5 200℃，而且近年来随着全球气候变暖，湖北大多数地区春季稳定通过 10℃、12℃初日提前 2 ～ 4d，≥ 20℃终日推后 1 ～ 3d，水稻适宜的种植期被进一步延长。湖北省大面积种植的中籼稻成熟期一般在 9 月底至 10 月初，而小麦、油菜等秋播作物播种期在 10 月下旬，期间约有 1 个月的空闲期，茬口衔接松散，导致此阶段的温光资源未被利用而造成浪费，使得稻麦或稻油模式周年生产潜力未被充分挖掘。为充分利用 9 月底至 10 月中下旬的温光资源，可以改中籼稻为中迟熟粳稻，中迟熟粳稻成熟期约推迟至 10 月中下旬，刚好可将中籼稻未利用的这部分温光资源利用起来，与小麦和油菜的播种期相衔接，并可提高水稻单产 50kg 以上。

从安全生产层面来看，发展粳稻对水稻安全生产十分必要。湖北水稻安全生产除受制于洪涝、干旱等自然灾害和病虫草等生物为害影响外，9—10 月中下旬的“寒露风”冷害对湖北省晚稻生产造成了严重的威胁。众所周知，粳稻在生育后期对低温的耐受能力要强于籼稻，湖北省晚稻的安全抽穗扬花期，籼稻要求在 9 月 10—15 日，粳稻则可到 9 月 20 日左右。但在一些特殊年份，“寒露风”来临时间会提前。如 2020 年，湖北省 9 月 13 日开始，江汉平原、鄂东南出现持续日平均气温≤ 22℃的“寒露风”天气，且历时长，导致全省多地中晚稻受损严重，但一季中晚粳稻在相同时间、相同强度的“寒露风”影响下，其受害程度均较籼稻要轻甚至不受害。因此，湖北“籼改粳”工程的开展有利于提高晚稻生产的安全系数。

从水稻增产增效层面来看，发展粳稻更有潜力。一是粳稻增产潜力要高于籼稻。粳稻种植密度较籼稻高，可获得较高的群体穗数，构建足够的群体颖花量，粳稻籽粒灌浆期可持续 60d 以上，其生育后期籽粒灌浆可得到充分的保障，能够获得比籼稻高的结实率和千粒重。同时，粳稻因株高较矮，植株茎秆壮实，顶三叶维持光合功能时间长，生育后期叶片不易衰退，耐高氮肥抗倒伏能力强，与籼稻易倒伏等相比，具有显著的群体优势，综合生产力高，增产潜力大，利于稳产高产。二是粳稻从播（栽）种、收储到加工，更适宜机械操作，有利于提高生产效率。当前，水稻生产已经进入重要转型期，生产工具和劳动方式都发生了巨大变化，水稻全程机械化已然是今后水稻生产发展趋势。粳稻较籼稻更易实现全程机械化，主要原因是：粳稻属于感光性水稻，推迟播期不会影响安全抽穗，还能避免种植时因播期早、秧龄大不利于机插的问题；目前应用的粳稻品种以常规品种为主，播种量远大于籼稻，大播量能提高成苗率和减少机插时的漏插率，降低集中育秧风险和稳定高质量群体起点，促进大面积平衡高产高效；粳稻抗倒伏能力远高于籼稻品种，田间自然落粒较少，机收损失率低，加工的精米率和整精米率也较高。三是种植粳稻效益较高。2009 年以来，全国常年粳稻种植面积 1.27 亿亩左右，占水稻种植面积的 29%，平均单产 487kg，较籼稻平均单产高 15.4%，且近年来受粳稻数量偏紧的影响，国家对粳稻的最低收购价定价比籼稻高 15% ～ 20%。同时受各方主体看好和收购市场多元化竞争格局影响及南方稻谷价格整体上涨拉动，2011—2019 年近 10 年来粳稻的平均市场最低保护价格 143 元 / 百斤，籼稻平均最低保护价 129 元 / 百斤，粳稻比籼稻高 14 元 / 百斤，按此标准计算，种植粳稻每亩较籼稻收益提高 20.9 元。如果湖北省扩大 1 000 万亩粳稻，仅价格因素每年可直接为农民增加收入 20 多亿元。

二、可行性分析

湖北省是适宜种植粳稻的生态区。湖北地处南北过渡地带，温光水资源丰富，能满足中晚粳稻生长所需的温光资源条件，是南方稻区 3 个适宜粳稻区之一。湖北省具有种植粳稻的历史，粳稻生产最高峰时种植面积达 1 800 万亩。2012 年湖北省“籼改粳”工程正式启动，湖北省政府每年拿出固定资金支持粳稻产业发展，有力推动了全省粳稻发展。

南方稻区“籼改粳”成功经验可借鉴。江苏在 20 世纪 90 年代之前是一个以种植籼稻为主的省份，以后，开始压缩籼稻种植面积扩张粳稻种植面积。

目前江苏省粳稻的种植面积已占到水稻面积的95%以上，是南方最强的粳稻省。安徽省2010年就粳稻发展做出规划，经过10年时间，目前粳稻面积已发展到1 200万亩左右，面积和单产水平正在稳步提升。湖北和江苏、安徽处在相近的纬度，气候条件等具有相似之处，江苏、安徽发展粳稻的成功，预示着实现湖北“籼改粳”目标未来可期。

湖北“籼改粳”已具备一定基础。一是品种选育取得突破。目前，湖北粳稻品种选育工作已经取得了一定进步，也是最早在生产中示范推广应用两系杂交粳稻的省份，其中最具代表性的便是鄂粳杂3号等品种的应用，湖北自育的常规粳稻鄂晚17、鄂香2号等品种不仅产量高，米质也好，是当前湖北晚粳稻的主推品种。另外，随着湖北省“籼改粳”政策的实施，湖北省多家科研机构和高校院所积极引进江苏、浙江、上海的一些适应性较广的粳稻品种，在湖北等地的试种都获得了一定的成效。其中，2010年粳稻沪旱3号在洪湖试种，在遭受10多天的洪涝灾害的情况下单产仍超过600kg/亩。为了更好地探索湖北省“籼改粳”的可行性，2011年在江汉平原和鄂北等不同生态区开展沪旱3号高产示范，沪旱3号在江汉平原遭受旱情，播期推迟到6月下旬，但长势长相仍表现出色，地力一般田块单产达到546.7kg/亩，地力高产田块单产达646.7kg/亩。沪旱3号等品种在湖北的试种成功，显示了湖北“籼改粳”的广阔前景。2015年湖北第一个引种中粳品种甬优4949正式通过审定，这是湖北省粳稻发展史上的一个重要突破，将有效带动粳稻选育工作，为大面积示范、推广提供安全品种保障，为推进“籼改粳”提供了有力了支撑。二是粳稻配套精确定量栽培技术研发与应用趋于成熟。由湖北省农技推广总站牵头组织各科研院所，联合各地农技推广部门，在全省宜粳区根据当地中晚粳稻发展模式，先后开展了品种鉴选、适宜播种期、水肥耦合、种植方式等试验，在不同生态区筛选出了适合当地的优质高效粳稻品种，摸清了这些品种的生长发育规律、产量品质形成特性、肥水需求特征特性、病虫害发生规律与特点；集成了不同模式下良种良法配套的高产高效栽培技术，并通过核心示范区逐步向示范区进行大面积辐射应用。如集中示范“粳稻＋小麦”全程机械化周年高产技术、“粳稻＋小龙虾”“早籼＋晚粳”等高效栽培模式，其中粳麦和早籼晚粳模式的推广应用，解决了湖北省稻麦两熟制地区存在的农机农艺融合程度低、劳动力紧张、温光资源利用不充分等问题。

综上所述，湖北具备发展粳稻的得天独厚资源条件，但同江苏、安徽相比，湖北“籼改粳”进程较缓慢，如今江苏已实现了全省粳稻化，安徽“籼改粳”也实现了籼粳各占半壁江山的局面。湖北推进“籼改粳”工作，还需要不断消除粳稻种植障碍。明确粳稻发展策略，加快粳稻品种选育，创新粳稻栽培技术，改变农民种植习惯，完善水稻收储政策，开拓粳稻消费市场，为水稻生产转型期的湖北开展“籼改粳”创造条件，拓展空间。

第三节　湖北“籼改粳”策略与粳稻发展思路

根据湖北省水稻生产实际，开展“籼改粳”工作，应遵循积极稳妥的原则，继续发挥籼稻种植优势，宜籼则籼，宜粳则粳，重点发展晚粳，适当发展中粳，兼顾发展粳稻再生稻。

一、“籼改粳”策略

明确发展目标，合理进行籼粳发展区域规划，建立粳稻生产优势区域。按照“重点发展晚粳、适当发展中粳、兼顾发展粳稻再生稻”的思路，用5～10年时间，将全省粳稻种植面积扩大到600万～1 000万亩，种植面积占比由10%提高到40%左右，建立粳稻优势生产县15个左右，平均单产较籼稻单产提高5%～8%，通过“籼改粳”工程增加水稻总产100万t左右，全省年新增效益40亿元以上，整体提高湖北稻米品质，培育3～5个粳米知名区域品牌，建立稳定的销售市场。在合理利用资源条件、科学发挥区位优势的前提下，通过科学布局、分板块推进，一是巩固发展鄂中北一季晚粳优势区域的生产，包括京山、钟祥、宜城、襄阳、枣阳、南漳、随州、安陆等县市；二是拓展鄂东南早籼晚粳优势区兼顾粳稻再生稻生产，包括浠水、蕲春、武穴、团风、咸宁、嘉鱼、赤壁等地；三是大力发展江汉平原一季晚粳、双季晚粳和粳稻再生稻混作区粳稻生产，包括荆州区、监利、洪湖、公安、石首、枝江、江陵、仙桃、天门、潜江、汉川、应城、云梦、孝昌等地。

稳步推进产业规模化。依据粳稻的生物学规律和区域生态、生产条件，引导鄂中北、江汉平原和鄂东南三大优势区域，利用其生态资源和区位优势，通过合作社和家庭农场等新型经营主体，网络分散生产的小农户，开展粳稻规模化生产、机械化生产和标准化生产，降低生产成本，提高生产效率，增加规模效益。

加强产销衔接，拓展销售市场。湖北人喜食籼稻，进行粳稻生产主要作为商品粮供给东、西部市场，尤其是“长三角”主销区。因此，湖北“籼改粳”的市场策略，主要是继续做好“东进西扩”的市场拓展工作，抓好产销区对接。积极推进销售外扩战略，找准东、西部市场消费者的需求，培育优势粳稻品种的品牌；积极与大型合作社和销购企业建立生产加工销售一条龙服务的合作关系，建立稳定的粳稻对外销售渠道和市场。加强与“长三角”主销区的协作，引进销区粮食加工销售企业，利用湖北温光资源优势，建立粳稻生产加工基地，建设湖北粳稻“粮仓”，实行直供直销，促进湖北粳稻产业快速发展。

二、粳稻发展思路

科学认识，理性发展。湖北稻区品种结构优化调整的关键是温光资源的深度利用和品种生产潜力的充分挖掘。按照优质、高产、高效、绿色生产的要求，结合市场导向，组织粳稻生产。在双季稻模式下，发展“专用型早籼+优质型晚粳”；在温光资源两季不足一季有余地区，发展优质一季晚粳、兼顾发展粳稻再生稻；在鄂中北地区发展“优质粳稻＋小麦”等模式。不管在什么区域利用什么模式，最终的目的都是要充分利用温光资源，挖掘出“籼改粳”后水稻品种的产量、品质潜力，实现水稻产业的提质增效。

政府要加大对粳稻生产的支持力度。湖北是水稻生产大省，粳稻的发展将有利于湖北水稻品种结构的优化、促进湖北水稻产业的提升。根据湖北省不同地域的气候生产条件，制定相应的粳稻生产政策。通过奖励补助的形式，调动水稻生产大县和规模较大的水稻生产合作社的种植积极性，切实保障粳稻种植的效益。借鉴江苏、安徽的经验，设立粳稻发展专项，支持龙头企业和科研院所开展粳稻生产技术集成创新；建设典型样板示范基地，加快技术推广应用；创建优质粳米品牌，提高粳稻市场竞争力。在推进“籼改粳”初期，生产保险尤为重要。要开展粳稻生产政策性保险，完善保险实施办法，降低粳稻种植风险，保护农民种植粳稻的积极性。

加快粳稻品种选育与应用。湖北粳稻能否大面积推广，最大的障碍因子就是品种。湖北粳稻生产的当务之急就是要解决优良品种问题。目前，不少地区粳稻生产示范用品种从外省引种，因生态适应性差，推广面积和推广时间有限，限制了品种大面积应用。另外，量质协同提升是提高粳稻种植收益的重要环节，但是栽培过程中高产与优质是相互矛盾的，如甬优系列品种产量潜力大，但外观品质与优质籼稻差距大；鄂香2号品质较好，但产量潜力小，除合作社用作高档优质粳米品牌打造外，一家一户农民种植难接受低产量。解决这一问题，一是加快本省粳稻新品种的选育及外省广适性品种的引种，在确保引种安全的前提下，加快引种进程。同时，加大不同生态区高产优质粳稻品种的筛选力度，积极筛选产量品质协同提升的品种、适应轻简化、规模化、机械化生产的品种。二是加快粳稻种质资源库建设和粳稻育种技术创新研究。省市科研育种单位、种业公司等要加大对现有粳稻种质资源库的建设与投入，实现粳稻种质资源库成果共享，对现有粳稻种质资源进行深入系统的评价，发掘更好的优质种源、抗病虫源（尤其是稻瘟病、稻曲病、恶苗病、稻蓟马和螟虫的新抗源）、优异特种稻资源等种质资源，进行创新利用研究。加强分子育种技术等现代生物技术与常规育种技术的结合，通过数字化育种技术，实现育种目标的定向、高效选择。

加强粳稻轻简化、规模化、机械化生产技术集成创新。一是积极研发与粳稻生产相配套的高效种植模式，比如“粳稻+养殖”“早籼晚粳”“粳稻再生稻”等，提高粳稻生产的经济效益和生态效益。二是加大对粳稻品种特征特性、温光资源利用，以及产量品质协同提升关键技术的研发，特别是粳稻精确定量栽培技术、粳稻超高产攻关技术、病虫害综合防治技术，以及直播、抛栽、机插等轻简栽培技术的研发，针对不同品种和生态区形成标准化的高产栽培技术规程。三是完善水稻生产社会化服务体系。籼稻与粳稻生物特性不同，决定了栽培技术的差异。湖北水稻生产社会化服务体系，大都是建立在籼稻生产之上的。要根据粳稻生产的要求，充实社会化服务内容，提升社会化服务能力，形成有利于促进湖北籼粳稻同步发展的水稻社会化服务体系。

参考文献

艾磊, 2016. 不同生态区播期对粳稻生育进程、产量及品质的影响 [D]. 武汉: 华中农业大学.

曾文伟, 唐玉林, 游艺文, 等, 2013. 湖南邵阳水稻“籼改粳”的思考 [J]. 作物研究, 27(4): 379–380, 383.

陈温福, 张龙步, 徐正进, 等, 1994. 北粳南引研究的进展与前景 [J]. 沈阳农业大学学报, 25(2): 131–135.

程式华, 李建, 2007. 现代中国水稻 [M]. 北京: 金盾出版社.

董啸波, 霍中洋, 张洪程, 等, 2012. 南方双季晚稻籼改粳优势及技术关键 [J]. 中国稻米, 18(1): 25–28.

龚金龙, 邢志鹏, 胡雅杰, 等, 2013. “籼改粳”的相对优势及生产发展对策 [J]. 中国稻米, 19(5): 1–6.

花劲, 周年兵, 张军, 等, 2014. 双季稻区晚稻“籼改粳”品种筛选 [J]. 中国农业

科学 , 47(23): 4582–4594.
李拥军 , 李兆新 , 刘翔 , 等 , 2018. 孝感市再生稻生产现状、问题及适度发展建议 [J]. 湖北农业科学 , 57(3): 10–12.
马畅 , 吕小红 , 王宇 , 等 , 2021. 滨海稻区不同施氮量下粳稻产量与品质的关系 [J]. 江苏农业科学 , 49(24): 70–75..
屈宝香 , 刘丽军 , 张华 , 2006. 我国粳稻优势区域布局与产业发展 [J]. 作物杂志 (6): 11–13.
汤颢军 , 程建平 , 2015. 湖北省粳稻产业发展现状及推进建议 [J]. 湖北农业科学 , 54(23): 5817–5818, 5822.
佟屏亚 , 2010. 南方水稻籼改粳与“青森 5 号事件”：20 世纪 50 年代发生的一起重大引种事故 [J]. 古今农业 , 83(1): 66–72.
汪本福 , 程建平 , 李阳 , 等 , 2020. 播期对湖北省粳麦生产区粳稻生育期、产量及温光资源利用的影响 [J]. 华中农业大学学报 , 39(5): 68–75.
虞国平 , 徐春春 , 邬亚文 , 等, 2020. 我国水稻产业供给侧结构性改革的思考 [J]. 中国农业资源与区划 ,41(3): 53–62.
张似松 , 汤颢军 , 柴婷婷 , 等 , 2012. 加快粳稻发展 , 进一步做强湖北省水稻产业 [J]. 湖北农业科学 , 51(3): 450–453.
赵沙沙 , 汪本福 , 范兵 , 等 , 2019. 优质高效粳稻品种在鄂西北地区的种植表现 [J]. 湖北农业科学 , 58(5): 16–20.
中国水稻网 , 2019. 中国粳米消费情况 [J]. 福建稻麦科技 , 37(3): 46.

第七章　转型期湖北水稻生产技术创新

过去建立在精耕细作基础上的水稻生产技术，必将被适应轻简化、机械化、规模化特点的水稻生产技术所代替。这是水稻生产转型的客观要求，也是历史发展的必然。因此，在水稻生产转型过程中，重构轻简化、机械化、规模化水稻生产技术体系，实现“高产、优质、高效、生态、安全”的生产目标，是水稻生产技术创新的重要任务。

第一节　构建耕地质量提升技术体系

耕地在保障我国口粮绝对安全方面起着决定性作用。耕地质量是稻田生产力提升的基础，是实现水稻丰产增效的重要技术途径。

按照《全国国土空间规划纲要（2021—2035 年）》下达的湖北省耕地保护任务，到 2035 年，湖北省耕地保有量不低于 6 925 万亩，永久基本农田面积不低于 5 950 万亩。对永久基本农田实行法律保护，确保高标准农田数量不减少、质量不降低。坚持良田粮用，永久基本农田重点用于粮食生产，高标准农田原则上用于粮食生产，撂荒耕地复耕复种优先种植粮食作物，尽最大可能增加粮食特别是水稻的种植面积。

在保水稻面积的同时，要抓住国家实施高标准农田建设和中低产田改造项目的机遇，适应水稻生产转型要求，根据湖北水稻生产不同生态区的资源禀赋和生产条件，以及耕地质量存在的问题，因地制宜开展耕地质量提升技术创新。

一、鄂中北土壤培肥技术

鄂中北的水稻土一般是黄棕壤水稻土，土壤有机质含量低，质地黏重，养分失衡，加上鄂中北地区长期稻麦轮作，过度耕作，养地不够，地力下降比较明显。应在鄂中北地区集成创新秸秆还田土壤培肥、有机无机配合施肥、周年养分管理等技术，同时，配合水分优化管理，提升有机质含量，改善土壤理化性质；采用免耕保墒、免耕或少耕耕作方式，提高土地保水保肥能力，提高水分利用效率。在此基础上，构建适宜鄂中北土壤特点的稻麦田土壤改良模式。

二、江汉平原低湖田改良技术

江汉平原的水稻土一般是潮土水稻土，土壤潜育化和次生潜育化比较严重，土壤结构较差，地下水位高，通气性不好，积累的还原性物质较多。解决这些问题，一是完善沟渠配套，降低稻田地下水位；加强水稻生长期的水分管理，通过干湿交替，促进稻田土壤的水气交换；冬季深耕晒田，消减犁底层土壤的还原性物质。二是采用水旱轮作，在秋冬季节种植紫云英、小麦以及油菜等作物，培肥土壤，达到稻田土壤质量可持续提升的目的。

三、鄂东南山地冷浸田改造技术

鄂东南的水稻土一般是红黄壤水稻土，多为山地冲田，表现为“冷、酸、黏、瘦、薄”的特征，尤其是常年耕层低温较低，耕作期水库引水、溪沟山泉灌水，水温也较低，“冷”是影响水稻产量的突出障碍因子。创新山地冷浸田改造技术，主要是针对鄂东南红壤区土壤“冷、酸、黏、瘦、薄”的问题，集成“挖沟排水、施碱改酸、微肥调控、秸秆还田”等技术，改善水稻田间土壤酸碱度、通透性，增加微量元素供给，提高根系生长发育能力，增加土壤地温，促进稻田系统营养物质转运效率，增加水稻干物质积累，稳定提高水稻产量。

湖北省农业科学院与咸宁市农业科学院，在鄂东南红壤区山地冲田，开展了治“冷”技术创新，取得明显效果。主要技术措施：挖沟排水，就是在稻田四周及田内每隔 20m 开排水沟，深度为 0.8 ～ 1.0m，降低地下水位，提高土温和水温；开灌水沟，深度为 0.5m；施碱改酸，就是每亩施用 100 ～ 150kg 生石灰，整地翻耕前均匀撒施；微肥调控，就是每亩施用 8 ～ 10kg 二氧化硅、2kg 硫酸锌，整地翻耕前均匀撒施；秸秆机械粉碎还田，留桩高度＜ 15cm，粉碎程度＜ 10cm，翻压程度 15 ～ 20cm，每亩施用秸秆腐熟剂 4kg，秸秆粉碎后旋耕埋草，埋覆率 80% 以上。

四、有机肥替代技术

在测土配方施肥技术基础上，针对不同水稻生态区的生产模式，统筹作物周年养分管理，明确有机肥替代化肥的可替代量，创新“有机肥＋配方肥”“有机肥＋生物制剂”等施用模式和施用方法，集成化肥用量减少、产品品质提升和土壤有机质提升技术。

五、秸秆还田技术

秸秆还田是将农业废弃物无害化处理及资源化利用的途径之一，同时又是增加土壤有机质、改善土壤理化性状、培肥地力的有效措施。收获后，秸秆尽快还田，有利于秸秆粉碎和加快腐解；把秸秆翻到不影响播种的深度，并抓紧翻耕，以保留秸秆中的水分，便于秸秆腐烂。创新秸秆还田技术，一方面要确保秸秆还得下去，避免秸秆直接还田后对下茬作物的影响。这就要求明确秸秆留桩高度和粉碎程度，完善水田耕整和田间水分管理技术，进一步开发利用秸秆腐熟剂技术；另一方面要研究秸秆还田之后，对农田生态系统的影响，尤其是土壤养分的变化，并提出相应的调控措施。

创新耕地质量提升技术的同时，还要结合高标准农田建设和中低产田改良项目，改善农田基础设施。因地制宜规划设计灌溉与排水、田间道路、土地平整等，集中连片，规模开发，整体推进。对集中连片、高差跨度较小的田块进行土地平整，并配套渠系工程。要确保田间道路（机耕路）畅通，便于农机具通行和作业，实现稻田集中连片，提高可耕性。

第二节　构建绿色栽培技术体系

适应水稻生产转型，实现水稻生产“高产、优质、高效、生态、安全”的目标，必须实行绿色生产方式，创新轻简化、机械化、规模化栽培技术。

一、轻简化机械化高效栽培技术

实现水稻生产轻简化、机械化是当前水稻栽培技术转型的迫切要求。通常所说的轻简化栽培技术主要针对作物建成环节，包括移栽和直播，主要可通过机械化育插秧和机械直播两种方式实现。

1. 机械化育插秧技术

湖北现有的水稻机插秧技术主要存在以下问题：（1）盘根成毯的育秧要求播种量大，这限制了杂交稻品种机插秧种植；（2）对秧龄和秧苗素质要求较高，目前以小苗机插秧为主，最适秧龄 20d；（3）机插秧漏蔸率较高，显著影响产量；（4）机插秧植伤严重，造成移栽后的缓苗期及全生育期显著延长；（5）影响水稻生长发育进程，机插稻分蘖动态与手插稻不同，个体生长量小，杂交稻品种早发和大穗的优势无法发挥；（6）缺乏适宜机插秧的水稻品种和因地制宜的配套栽培技术。

针对机插秧技术中存在的问题，要充分认识毯苗机插稻高产形成规律，集成创新水稻机插精确定量栽培技术。培育标准化壮秧，提供构建高产群体的生物基础；机械精确栽插，形成高质量群体起点；前期及早促进，在有效分蘖临界叶龄期前群体茎蘖数够到高产适宜穗数；及早适度搁田，把群体高峰苗控制在适宜穗数的 1.4 ～ 1.5 倍；主攻中期优化生长，增加有效与高效生长量，以适量壮秆大穗构成高光效群体；强化后期物质生产与积累，提高群体库容充实量。

2. 机械化直播技术

直播稻是指将水稻种谷直接播种在大田环境下的一种水稻作物建成方式。水稻直播是轻简化栽培方式中最简单的一种。根据播种时稻田土壤的物理特性和种子萌发状态的不同，可将水稻直播分为旱直播和水直播。根据种子在田间的分布情况可以将水稻直播分为穴播、条播和撒播 3 种主要类型。直播稻存在整田要求高、杂草难控制、植株易倒伏和前期低温造成成苗率低等问题。由于湖北省温光资源分布的特殊性，导致直播稻与其他作物存在茬口衔接紧张的情况。针对这些问题，应大力研发土地平整机械和精确定量播种机械，集成“化控、水控、密控”的除草技术，培育早发能力强的短生育期大穗品种，促早发，提高中期个体生长量形成大穗，后期防止早衰，提高结实率。

无人机直播是一项提质增效的新技术，播种效率较地面行走式直播机具提高 3 倍以上、较人工撒直播高 10 倍以上，具有作业效率和智能化程度高、劳动强度低、适宜规模化生产等优势，随着信息控制、导航定位和农用无人机制造突飞猛进的发展，水稻无人机直播技术发展迅速。湖北无人机直播面积逐年扩大，但在技术上还存在一些短板和不足，主要表现在：一是播种精准度有待提高，受种子类型、粒型、粒重和吸水特性的差异影响，种子播量存在偏差；二是播种均匀度有待改善，条播无人机受催芽质量影响，种子掉落不流畅造成播量不匀或送种管堵塞导致漏播；撒播无人机采用离心盘旋播，导致播种过程中离心盘下方种子均匀度不够；三是播种齐苗全苗较难，生产中受种子芽长的影响，撒播的旋播方式易造成种子伤芽，影响出苗，同时受田块耕整质量、天气和落种深度等因素影响，出芽不整齐而导致部分缺苗、生长不整齐。长江大学农学院和湖北省农业科学院粮食作物研究所，从2018年来开始研究直播水稻无人机轻简化技术，针对以上播种环节的关键技术问题，采用多学科交叉技术，通过研发结合北斗导航系统和品种特性的精准飞行决策方法，构建了直播水稻的精量、均匀、齐苗的无人机播种技术，集成了直播水稻无人机轻简化栽培技术体系，在生产上已开始大面积应用。

3. 水稻机插秧同步侧深施肥技术

湖北省从2017年开始推广应用水稻机插秧同步侧深施肥技术，随后应用面积逐年扩大。到2021年，湖北省水稻侧深施肥面积达到113.5万亩，比2020年增加5倍。调查结果显示，与传统施肥相比，运用水稻侧深施肥技术，化肥平均每亩用量减少2.6kg，减肥达11.7%，仍可实现每亩增产40.78kg、增收95.4元，节本增效115.6元。

水稻侧深施肥技术，是水稻施肥方式的重要转变，提高其施肥效果，需要重点解决以下4个方面的问题：一是合理配置插秧机和侧深施肥机，增强“两机”的耦合性；二是改进侧深施肥机送肥方式和机具，增加漏施报警装置，提高排肥性能，避免肥料堵塞、漏施；三是开发适宜侧深施肥的水稻专用肥，完善肥料粒径、颗粒强度、吸湿率等参数；四是改进侧深施肥作业技术，形成相应的技术操作规程。

二、绿色安全栽培技术

应对资源环境约束和满足大众对食品安全的要求，在水稻生产中必须大力开展绿色综合防控技术、面源污染防控技术和重金属污染防控技术的创新与应用。

1. 绿色综合防控技术

以化学农药为主导的水稻病虫草害防治技术，严重降低了农业生态系统的生物多样性，造成农产品农药残留，影响稻米品质安全，越来越不适应水稻生产转型的要求，将被绿色综合防控技术逐步替代。创新水稻病虫草害绿色综合防控技术，应包括以下内容：控制源头，减少初侵染源数量；选择种植抗性品种，提高植株抵抗力；完善栽培管理措施，减少病虫草害的发生；合理使用生态调控技术，如释放天敌、合理轮作和间套作等；科学合理使用农药，选用高效、低毒、低残留的单剂农药，把握最佳防治时期和施药时间等。

针对湖北省水稻生产中存在的问题，创新病虫草害绿色综合防控技术，应着力在以下3个方面开展工作。一是依托国家生物农药工程技术研究中心等单位，大力开发高效生物农药产品。对在生产实际中应用效果较好的生物农药，如井冈霉素、春雷霉素、枯草芽孢杆菌、苏云金杆菌（Bt）等，开展试验示范，提高应用效果，扩大应用面积。二是改革水稻种植制度。合理的稻田轮作、间作和套作系统可以有效降低病虫草害发生。作物病害的发生是由于作物感染病原菌引起的，一般病原菌都具有寄主作物特异性，可借助土壤传播，侵染作物组织。将易感病的寄主作物与不易感病的非寄主作物轮作，降低病菌在土壤中的丰度或者存活率，从而减轻作物发病程度；作物某些害虫具有一定的专食性，对感虫与不感虫的作物实行轮作，可使害虫的虫卵数量减少，从而减轻害虫为害；实行水旱轮作也可以降低农田杂草的发生量。通过增加农田生态系统的生物多样性来实现病虫草害的可持续防治，也是稻田绿色防控技术的重要组成部分。三是优化栽培管理措施，通过增加水稻植株抗性、构建健康群体结构以及调控冠层微气候来影响病虫草害的发生。氮肥过量施用易造成水稻贪青晚熟，进而导致水稻纹枯病、稻纵卷叶螟、三化螟、稻飞虱等稻田主要病虫害的发生加重；水稻钾肥用量适当增加可增加植株的抗性，降低病虫害的发生程度；而硅肥的施用可增加叶鞘表皮细胞强度，并增加植株抗性，从而降低水稻纹枯病的为害程度。肥料运筹除直接影响水稻植株的生理状态，进而影响病虫发生外，还可以与种植密度、水分管理一起影响水稻群体的冠层结构和微气候，进而影响病害的传播与为害。通过调控氮肥、种植密度来构建合理的冠层结构可减少冠层内植株间的接触频次，有效降低纹枯病的为害程度。通过合理的水分管理，如中期晒田或干湿交替灌溉，控制无效分蘖的发生，降低冠层内温度和湿度，可有效降低病虫害的发生。因此，通过合理的肥料和水分运筹、种植密度等栽培管理，建立健康的冠层结构，提高植株的抗病虫能力，也是水稻绿色防控的重要措施。

2. 面源污染防控技术

农业面源污染治理是生态环境保护的重要内容，事关农村生态文明建设，事关国家粮食安全和农业绿色发展，事关城乡居民的水缸子、米袋子、菜篮子。湖北省稻田农业面源水污染物主要是通过地表径流（农田尾水）方式影响水环境，受监测方法的限制，稻田通过地下淋溶方式对地下水体的影响关注较少。水污染物主要是氮、磷等营养物质和农药。农药种类繁多，成分复杂，主要药效成分降解半衰期短，在土壤中残留量小，通过降雨或灌溉等水力条件进入水体的量就更小，而且受水力停留时间的影响，监测难度大。目前主要是监测稻田氮、磷地表径流流失量，来评测稻田农业面源污染状况。从 2007 年全国第一次污染源普查开始，湖北省对主要种植模式农田氮、磷地表径流的流失量进行了原位监测，主要种植模式稻田总氮（TN）流失量 7.8 ± 2.9 kg/km^2，总磷（TP）流失量 1.0 ± 0.4 kg/km^2，虽然单位面积流失量不大，但稻田面积大，稻田氮磷流失总量还是很大的。经测算，湖北省稻田 TN 流失总量 1.56 万 tN 以上，TP 流失总量 0.2 万 tP 以上，占全省农田流失量的 1/3 ～ 1/2。稻田地表径流中 TN 浓度均值 2.8 ± 0.9 mg/L，TP 浓度均值为 0.28 ± 0.2 mg/L，虽然地表径流在进入水环境之前，还要经过沟渠系统的净化，但与地表水环境质量标准比较，水质处于地表水 V 类水，尤其是在雨季施肥后 1 ～ 2 周时间段内的外排水水质。稻田氮磷面源污染的发生主要是受降雨和灌溉的影响，同时也受施肥与耕作制度的影响。全省稻区年降水量平均在 1 000mm 左右，地表径流主要发生在雨季 4—8 月，流失的风险期主要有两个阶段：其一是泡田耕作期，该时期田面水位较高，且土壤扰动大，田面水中氮磷浓度高，如遇到降雨产流，流失量往往占全生育周期一半左右；其二是水稻（中稻）生长前期，底肥与返青分蘖肥施用时期，如遇强降雨，超出了田间容水极限，很容易发生地表径流，而此时田面水中氮磷浓度较高，氮磷流失风险较大。与此同时，湖北省稻田的种植制度以水旱轮作为主，主要是稻麦和稻油模式，除稻季外，冬季作物耕作施肥期与降雨耦合，也存在流失风险。

针对稻田氮磷流失发生风险，湖北省开展了稻田周年全程防控技术创新。它包含以下内容：一是源头减量技术，主要是控制稻田氮、磷投入的总量；二是田间原位阻控技术，技术关键是增加稻田土壤对氮、磷的吸附与固持能力，增加作物的吸收利用效率；三是控水扩容技术，技术关键是泡田期水分的控制和稻田生长前期水分的管理；四是田沟塘水循环利用技术，充分利用湖北省稻田所处的圩垸位置，将稻田排水，尤其是作物施肥后 1 ～ 2 周内高浓度排水，有选择性地利用稻田系统中田、沟、塘贮存，并作为农田灌水进行循环利用；五是农田生态系统末端净化技术，充分利用稻田系统出水端的自然湿地、藕塘、排水沟渠，通过生态强化，增加对稻田尾水氮磷的拦截、吸收、利用。

今后，在稻田面源污染防控技术研究上，还要进一步考察氮磷出田到水体的迁移过程，加大从流域尺度开展农业生态系统氮磷自净能力研究，明确农业源氮磷对水体的贡献。构建区域农业面源污染综合防控技术体系，实现区域农业面源污染精准防控。

3. 重金属污染防控技术

稻米安全品质目前主要指稻米中重金属含量是否超标。湖北省根据农产品产地土壤重金属污染普查和土壤污染状况详查数据，在土壤环境质量类别划分的基础上，综合考虑湖北省不同地区土壤类型、气候、海拔和农业种植结构类型，提出了对应的、切实可行的受污染耕地土壤安全利用工作方案。

针对中轻度污染区域的水稻田，优先种植推广重金属低吸收、低积累的水稻品种，通过田间种植、筛选、研究、比较，既有低吸收的杂交稻品种（如臻两优8612、安两优2号、安优1号、深优957、深优5438、隆香优130、两优688、深两优5814、隆两优1686、巨2优60、T优535、株两优729等），也有常规稻品种（如中安早7号、康稻1号、康稻2号、中嘉早17、隆稻3号、湘晚籼13号、湘早籼45号、兴安香占等）。在水分管理上，在镉污染区，要求整个生育期都保持淹水状况（2cm），尽量不晒田，或缩短晒田时间，让水田长期处于还原状态，减少镉离子活性，使其尽量少地进入植株。而在砷污染区域，为减少砷离子活性，则尽量保持农田水分为较少状态，或者实现旱作，减少其进入植株体内。在土壤酸化改良上，则采取施用石灰、土壤调理剂（包括黏土矿物、碱性肥料）等，调整土壤酸碱度，通过提高土壤pH值，降低重金属离子的活性。针对重金属污染较严重的严格管控类耕地区域，实施标识管理，加密监测点位，通过种植结构调整、退耕还林还草、休耕等措施，使严格管控类耕地退出农产品直接生产，仅仅生产非直接食用的农产品，如棉花、麻类，或者改为苗木、花卉等。

重金属污染土壤的修复是一个系统性工程，且不同地区污染特性存在显著性差异。因此，根据湖北省农田重金属污染主要以镉污染为主，并呈现一定累积趋势的特点，应着力从以下4个方面展开探索。一是加强土壤酸化治理与培肥改良。全省农田土壤酸化比较明显，研究表明每30年下降0.5个pH单位，而随着土壤pH值下降，重金属（主要为镉）活性逐渐增加，石灰施用可以减缓土壤酸化进程，但常年过量施用又会因为钙富集对土壤造成新的问题；施用有机肥是钝化重金属、培肥土壤的重要措施。应开展石灰施用技术（标准、方法、施用量、周期等）及土壤培肥改良方面的研究与应用。二是进行重金属低积累品种的筛选、选育。选育适合湖北不同地区污染农田利用的低积累水稻品种是解决稻米镉超标问题的便捷、有效方案。三是进行农田重金属污染防控产品与装备研发。研发新型且适合湖北地区的钝化剂、阻隔剂等相关产品，开发如磁性钝化材料及其配套装备；科学水分管理是控制土壤重金属活性的重要措施，因此农田灌溉水装备方面研发也是一个重要的方向。四是构建农田重金属污染防控模式。各种修复技术都有一定适用范围的限制，并存在或多或少的问题，有些甚至是难以克服的技术难点。因此，需要集成创新重金属修复技术，开展水稻重金属污染防控技术集成与示范，包括土壤重金属钝化技术和产品，农产品重金属污染阻控技术和产品，农艺阻控技术和标准，构建适应湖北省稻田障碍修复与安全利用需求的可复制、可推广、可持续的技术模式。

三、精准与智慧栽培技术

精准农业和智慧农业是农业信息化发展从数字化到网络化再到智能化的高级阶段，对农业发展具有里程碑意义，已成为世界现代农业发展的趋势。精准与智慧栽培技术是未来的发展方向，湖北水稻生产精准与智慧栽培技术发展还刚刚起步，转型期对此需求更加迫切。

精准农业兴起于20世纪末的西方发达国家，主要目的是实现大尺度农田作物生长的时空差异性与农业资源投入的匹配，从而实现高产高效。因为大尺度田块的不同位置或小面积田块间土壤理化性质、土壤含水量、作物生长状况、病虫草害发生情况均存在差异，其播种密度、施肥量、灌溉量和农药施用量等理论上亦存在差异。根据不同地点（或田块）不同时期的特定生长状况，确定其适宜的栽培管理措施，理论上可实现增产增效。精准农业包含四大环节，即农田信息获取、农田信息管理和分析、决策分析、决策的田间实施。其实施需3S技术，分别是遥感技术、全球定位系统和地理信息系统。此外，还需要决策支持系统、专家系统以及变量施用技术等。因此，西方精准农业的基础是作物生产的规模化，目标是高产高效，实现手段是机械化和信息化。

智慧农业是以信息和知识为核心要素，通过将互联网、物联网、大数据、云计算、人工智能等现代信息技术与农业深度融合，实现农业信息感知、定量决策、智能控制、精准投入、个性化服务的全新的农业生产方式。智慧农业是精准农业的升级版，利用快速发展的信息通信技术，实现对农场作物生长状况的持续监测，并利用除草机器人、自动飞行控制的无人机等实现病虫草害的精准防控和肥料的精准施用。尽管智慧农业的发展还存在技术、知识产权等方面的难题，但这些新技术的应用可减少除草剂、杀虫剂和化学肥料的施用，减少农业生产对环境的影响，有利于实现集约化农业的可持续发展。

湖北省精准农业和智慧农业整体技术水平不高，主要表现在：（1）农业传感器落后，稳定性差；（2）动植物模型与智能决策准确度低；（3）缺乏智能化精准作业装备，作业质量差。未来智慧农业需要重点研发具有自主知识产权的农业传感器，发展大载荷农业无人机植保系统，研制智能拖拉机和农业机器人，解决农业大数据源问题，发展农业人工智能，以及开展集成应用示范。智慧农业具有多学科交叉的属性，需培养具有作物学、信息技术和农业工程技术等多学科知识的复合型人才。2019年教育部首次批准华中农业大学植物科学技术学院设立智慧农业专业，服务国家新时代现代农业发展。湖北省应借助人才优势，统筹各类资源，围绕重点领域开设一批水稻精准栽培与智慧栽培相关的项目，加强特定的具有应用价值的关键技术的研发与应用示范，促进水稻生产快速转型。

第三节　构建防灾减灾技术体系

湖北省由于干旱、涝害、冷害和热害等非生物逆境引发的灾害时有发生，一般年灾害损失在10%～30%。因此，开展水稻防灾（非生物逆境灾害）减灾技术创新，对于实现水稻稳产高产，保障我国粮食安全有着极其重要的意义。

一、干旱防灾减灾技术

湖北俗称千湖之省，水资源较为丰富，但是，分布极不平衡。在地域分布上，湖北省南北降水量要相差1倍多；在时间分布上，同一年季节性降水量差异很大，同一季节年际间降水量也有所不同；在农业供水能力上，平原地区与丘陵山区差别较大。特别是鄂中北地区，水旱连作非常集中，降水量少，年际变化大，蒸发快，蓄水又受到地形地貌的限制，因此常年受到干旱的胁迫。

目前，湖北省水稻季节性干旱防灾减灾技术研发与应用，已有一定进展，还需要在以下几个方面开展技术创新：改善栽培管水措施，培育节水抗旱品种，研发旱育秧抗灾增产技术和秸秆还田培肥地力技术；研发节水抗旱栽培技术，形成水稻干湿交替灌溉、水稻控制灌溉技术、水稻覆膜栽培等技术体系；研发钾肥施用技术，增施钾肥提高根冠比，增强作物吸水能力和作物抗旱性。

二、低温防灾减灾技术

湖北省双季早稻和晚稻的障碍型低温冷害为“五月寒”和“寒露风”，迟熟中稻在抽穗扬花、乳熟期也可能遭受低温冷害而使结实率下降。受全球气候变化的影响，近50年湖北省中南部中度“五月寒”的累积日数和危害积温呈上升趋势，大部分地区中稻盛夏低温冷害强度增幅显著，晚稻发生严重“寒露风”危害积温呈增加趋势。江汉平原2000—2006年7年中，就发生了4年（次）中稻抽穗扬花期遭遇日平均温度连续3d或以上低于23℃的低温冷害，造成颖花不育率增加、结实率降低、千粒重下降。此外，湖北省中稻蓄留再生稻低温冷害的时空分布仍不清楚，这将增加再生稻安全生产的风险。

应对水稻低温冷害，主要应从品种改良及栽培技术两方面进行创新。耐低温品种的培育，为现阶段减少低温冷害造成的产量损失提供了有效手段。在栽培技术措施方面，主要从播期调整、水分管理和养分管理方面进行技术优化，需要根据当地的气候规律和水稻品种特性来确定安全播种期和安全齐穗期。湖北省早稻播种期适宜安排在日平均气温稳定通过 10 ～ 12℃，以利于防损种烂秧；还应考虑秧苗移栽时，日平均气温能达到根系生长起点温度 15℃以上，以利于及早返青；还要考虑在花粉母细胞减数分裂期，不遭遇日平均气温连续 3d 或以上低于 22 ～ 20℃以下的低温冷害，以免引起部分花粉不育，导致空壳率增高而产量下降。同时，要创新水肥管理技术，提高水稻抗低温能力，减少低温对水稻生长的影响。

三、高温防灾减灾技术

湖北在夏季 7 月、8 月常受副热带高压影响，易出现持续高温天气，对水稻花期形成高温危害，而且持续高温与干旱叠加，进一步增大了水稻安全生产的风险。目前，在湖北水稻生产中，采取的花期高温防灾减灾措施，主要是在水稻遭受高温胁迫时，及时对稻田灌深水，可以有效降低水稻冠层温度，减轻高温伤害；适当增施穗肥和氮肥后移，及时喷施叶面肥磷酸二氢钾，减轻高温对水稻产量和品质的不利影响；叶面喷施外源调节物质芸苔素内酯可以提高植物抵抗高温热害和干旱的能力。在此基础上，还需要进行耐高温品种选育、栽培技术创新、开发耐高温调节产品，形成抗高温协同技术，提高花期高温防灾减灾效果。

四、涝渍防灾减灾技术

梅雨期间，湖北省大部分地区易遭遇大到暴雨天气的持续袭击，引发阶段性洪涝灾害。应对洪涝灾害，目前采取的抗灾减灾技术主要有以下几点。一是尽快排除渍水。受淹稻田尽快组织排水，争取让水稻叶尖及早露出水面。在高温烈日情况下，不能一次性将水排干，必须保留适当水层。在退水时随退水捞去漂浮物，减少稻苗压伤和苗叶腐烂，防止泥打沙压伤害植株。对倒伏的稻株，尽量扶正，能扶尽扶。大水退后，及时在田间四周开好排水沟，特别是低洼田一定要开沟排水，促进根系恢复生长，既保持稻株需水又保证土壤通气。二是科学田间管理。发生受灾早稻处于抽穗灌浆期，正是产量形成的关键期。针对后期可能出现大风、强降雨等不利天气，提前清理田间“三沟”和田外沟渠，确保强降水天气能够排水顺畅，根据天气和成熟情况，抢晴收割，防止穗上发芽造成产量损失。发生受灾的中稻大部分正处于返青分蘖期，即将进入分蘖盛期，根据天气及早排水，雨后及时清洗秧苗，恢复叶片功能，可追施叶面肥和速效化肥，及时补充养分，增强秧苗活力和抗逆性。对于晚稻，根据早稻成熟收获时间，合理安排播种育秧期。育秧碰到洪涝灾害时，在抢排积水时要适当保持浅水层，防止雨后升温过快造成青枯死苗。为避免因早稻受淹收获腾茬推迟，晚稻秧龄过长、叶片徒长，可适时喷施多效唑控苗促壮，早稻收获后，抢时栽插。三是强化病虫防治。大水浸过的稻田，易发白叶枯病、纹枯病，退水后要及时防治，防止“灾后灾”。晚稻秧苗要注意防治苗瘟病。密切关注强降雨带来的“两迁”害虫对中稻、晚稻的为害情况，及时防控。四是及时补种改种。晚稻秧苗损毁较多的地方，积极组织调剂秧苗，若秧苗不足，及时翻耕整田，采用早稻品种“翻秋”直播。退水后的中稻田，若早晨植株叶片有“吐水”现象，根部有白根发生，表明植株仍有生机，可养根保叶，恢复生长；若植株叶片确已“淹死”而失去功能，但根系仍有活力，可及时割苗蓄留稻桩作再生稻；对淹水绝收的可赶在 7 月 25 日前早翻秋；7 月 25 日后因灾绝收的田块，可选择适宜的旱作品种实行“水改旱”，如生育期短的玉米、绿豆、甘薯、荞麦等秋杂粮，或者萝卜等蔬菜品种。这些防灾减灾技术在生产实践中是行之有效的，但是，还需要根据水稻生产转型的特点加以改造和完善。

第四节　构建收储减损技术体系

湖北省的气象特点是雨热同季，且雨季与水稻收获期重叠，不利于稻谷干燥储存。传统的稻谷干燥大多为晒场晾晒，天气的好坏会直接影响稻谷的干燥。此外，一些中小型农场和粮站，由于入仓粮食含水率高，粮食霉变的现象时有发生。现阶段，湖北省存在着粮食烘干能力仍然不足、粮食烘干中心（烘干点）分布不平衡、现有粮食烘干设备产能低和储粮设施简陋等方面的问题，迫切需要创新和推广先进的稻谷干燥与收储减损技术。

一、机收减损技术

长期以来，水稻成熟后都是以人工收割和人工脱粒为主，损失非常小，收获环节的损失很难被重视。但是，随着水稻收割的机械化程度越来越高，农机收获过程中收割、脱粒、清选都会产生损耗，其损失也越来越受到重视。目前，要在以下几个方面进行研究，获取相关技术参数。

适期收获。根据水稻生长发育状况和天气情况合理选择收获期，收获过早，籽粒成熟度不够，灌浆不饱满，影响产量。收获期过晚，不仅会导致机收落粒严重、增加损失，而且收获过晚还易遭遇连绵秋雨，引起穗发芽造成严重减产。因此，水稻收获时若遇自然灾害等特殊情况，可适当提前收获。

选择机具。收获水稻时，一般选用全喂入履带式谷物联合收割机，优先采用大喂入量机型，提高作业效率和质量；收获倒伏或湿田中的水稻，应提前 2 ～ 3d 排干田中积水，收割时间最好选择晴天、空气干燥的时间段以减少损失，可选用半喂入履带式谷物联合收割机。

运行速度。对于密度大、群体大、生物量大、产量高的田块或是田面不平整的田块，收获时运行速度要降低。

收割高度。对于生物量大的田块，应适当增加留茬高度，避免秸秆过多导致清选过程中的损失加大。对于再生稻头季，可采用早低晚高的留茬高度，促进再生季产量形成。

行走路线。收割过程中机器保持直线行走，避免边割边转弯，压倒部分谷物造成漏割，增加损失。尽量在机耕路上卸谷，减少反复掉头对稻田的影响，尤其是再生稻头季，应尽量避免多次碾压。

二、稻谷干燥技术

稻谷收获后，及时晾晒、干燥，是减少产后损失的重要措施。湖北省应用较多的稻谷干燥技术与工艺主要有以下 3 种。

自然干燥法。湖北省大部分水稻是以家庭为单位种植，不具备使用现代干燥工艺的条件，多采用自然干燥法。这种干燥的方法较为节约能源，但是比较耗费人力，受气候条件的限制和影响较大。

低温干燥和机械通风干燥工艺。就是在较低的热风温度下对稻谷进行干燥。采用此法稻谷爆腰率低，品质好，但干燥效率较低。

烘干—缓苏干燥工艺。即在两次烘干过程中，使稻谷保湿一段时间，然后再次干燥。缓苏过程能使籽粒内部与表面的水分趋于一致，降低籽粒内部的水分梯度，减少由此产生的稻谷颗粒内部应力，减少稻谷爆腰率、减少能耗，但需要时间较长。

总的来讲，湖北省稻谷机械性干燥处于起步阶段。干燥工艺单一，干燥水平不高；干燥过程能耗大，污染严重；干燥后稻谷爆腰率升高，降低了整精米率。解决这些问题，需要加大稻谷干燥技术创新力度，着力研发新的干燥工艺，如真空干燥工艺、微波干燥工艺、稻谷变温干燥工艺、红外连续干燥、增湿加热干燥工艺等，进一步提高稻谷干燥效率。加快现有干燥设备的技改，实行煤改油、改电或使用生物质能源，节能减排，降低干燥成本。研发利于降低爆腰率、提高稻米品质的温控技术，全面提升稻谷干燥技术水平。

三、稻谷储藏技术

湖北省应用较多的储藏技术包括常规储藏、气调储藏和低温储藏。

常温储藏。常温储藏是目前储藏稻谷、糙米及大米等最常用的储藏方式。稻谷在常温条件下储藏时，其储藏品质、质量指标、加工品质、糊化特性及质构特性等都出现下降。储藏 14 个月后稻谷已经不再适合储藏，因此，常温储藏稻谷时，由于温度是随季节变化的，储藏周期不宜过长。

气调储藏。气调储藏分为多种，其中最常见的气调储藏方法是真空储藏。真空储藏是利用压力抽干储藏室的空气，通过降低氧气含量来抑制或者降低谷物的呼吸作用，达到减少谷物损失、防霉、防虫、降低陈化速度、保持谷物品质的目的。与常温储藏相比，真空储藏的稻米其黏度值、脂肪酸含量及外观品质变化都较小，食用品质等都高于常规储藏。

低温储藏。低温储藏是通过机械通风、空调调温，保持稻谷储藏温度低于 15℃或者在 15 ～ 20℃。大量研究表明，低温储藏时稻谷的陈化速率会降低、品质变化速度减缓，稻谷中脂肪酶的活性受到抑制，脂肪水解速度降低。低温储藏还能抑制微生物的繁殖生长速度，减少有毒代谢产物的生成。合理的低温储藏能够延缓稻谷品质下降，保证一定的发芽率。

无论是哪种储藏技术，都有其应用上的局限性，需要围绕降低成本、降低能源消耗、减少损失开展技术创新，着力开发适宜不同生产规模的储藏技术、应对雨热同季气候条件的防霉变技术和降低陈化速度、保持稻谷品质的技术，逐步形成适应水稻生产转型要求的储藏技术体系。

参考文献

陈杰 , 华红霞 , 涂军明 , 等 , 2017. 水稻病虫害绿色防控技术研究 [J]. 湖北农业科学 , 56(22): 4307–4312.

刁友 , 朱从桦 , 任丹华 , 等 , 2020. 水稻无人机直播技术要点及展望 [J]. 中国稻米, 26(5): 22–25.

李瑞民, 付友强, 潘俊峰, 等, 2017. 节水高产栽培对直播稻产量、病虫害发生和抗倒性的影响 [J]. 中国稻米, 23(4): 160–164.

彭少兵, 2014. 对转型时期水稻生产的战略思考 [J]. 中国科学: 生命科学, 44(8): 845–850.

夏贤格, 邢美华, 杨文, 2022. 强化耕地保量提质, 让中国饭碗装上更多"荆楚粮" [EB/OL]. 农民日报, https://szb.farmer.com.cn/ 2022/20221203/20221203_005/20221203_005_3.htm.

颜志波, 2018. 黑麦草—水稻轮作对水稻纹枯病和稻瘟病的影响 [D]. 广州: 中山大学.

张舒, 罗汉钢, 张求东, 等, 2008. 氮钾肥用量对水稻主要病虫害发生及产量的影响 [J]. 华中农业大学学报, 27(6): 732–735.

赵春江, 2019. 智慧农业发展现状及战略目标研究 [J]. 智慧农业, 1(1): 1–7.

赵景, 蔡万伦, 沈栎阳, 等, 2022. 水稻害虫绿色防控技术研究的发展现状及展望 [J]. 华中农业大学学报, 41(1): 92–104.

Cassman K, 1999. Ecological intensification of cereal production systems: Yield potential, soil quality, and precision agriculture[J]. PNAS, 96: 5952–5959.

Rodrigues F, Vale F, Korndorfer G, et al., 2003. Influence of silicon on sheath blight of rice in Brazil[J]. Crop Protection, 22: 23–29.

Walter A, Finger R, Huber R, et al., 2017. Smart farming is key to developing sustainable agriculture[J]. PNAS, 114: 6148–6150.

Wu W, Nie L, Shah F, et al., 2014. Influence of canopy structure on sheath blight epidemics in rice[J]. Plant Pathology, 63, 98–108.

Xu L, Li XX, Wang XY, et al., 2019. Comparing the grain yields of direct-seeded and transplanted rice: A Meta-Analysis[J]. Agronomy, 9: 767.

第八章　转型期湖北水稻生产全程机械化

水稻生产由劳动密集型的精耕细作逐步转向机械化生产，是水稻生产转型的显著特征。实现水稻生产全过程机械化，成为推动水稻生产转型的重要任务。完成这一历史任务，重要的是不断加强水稻生产的农机装备和农机实现，提高水稻生产综合机械化率，有效化解水稻生产转型面临的三大问题：一是解决农村劳动力不足，减轻农民劳动强度；二是提高生产效率，缓解农时紧张；三是实现节本增效，增强稻谷的市场竞争力。

第一节　农业机械与农业机械化

一、农业机械

关于“机械”，我国自古就有描述。“机”在古汉语中原指某种（类）特定的装置，后来泛指一般的机械；“械”在中国古代指器械、器物等实物。按照《农业机械学》的定义，“农业机械是指在作物种植业和畜牧业生产过程中，以及农、畜产品初加工和处理过程中所使用的各种机械”。现在看来，随着现代农业的发展，农业机械的范畴也在不断拓展。其主要应该包括农用动力机械、农田建设机械、土壤耕作机械、种植和施肥机械、植物保护机械、农田排灌机械、作物收获机械、农产品烘干保鲜加工机械、畜牧业机械、渔业养殖机械、秸秆回收还田机械、农村能源机械、农业运输机械和设施农业的机械及设备等。2004 年正式实施的《中华人民共和国农业机械化促进法》，对农业机械的定义是“农业机械是指用于农业生产及其产品初加工等相关农事活动的机械、设备”。广义的农业机械还包括林业机械、渔业机械和畜牧业机械以及设施农业机械、设备等。

由于各国国情和农业机械化发展方向不同，对农业机械的表述也略有差异，但各国所指的农业机械基本上大同小异，不同的地方主要是在范围上的差别。例如，加拿大《农业机械法案》中对农业机械的定义:“农业机械是指用于和将用于农业或园艺业的设备或机械，包括附属装置”；韩国《农业机械化促进法》中对农业机械的定义是:“农业机械是指农林畜牧产物的生产及产后处理作业、生产设施的环境控制及自动化等过程中使用的机械设备及附属机械资材”等。

关于农业机械的分类，按用途可分为两类：一类是根据农业生产的特点和各项作业的特殊要求而专门设计制造的农业机械，如耕作机械、施肥机械、植保机械、收获机械以及农产品加工机械等；另一类是与其他行业通用，可以根据农业生产的特点和需要直接选用或改装的农业机械，如动力机械、水泵、拖车等。按所用动力及其配套方式分类，可分为自走式和驱动式农业机械；按农业机械与拖拉机的配套方式，可分为牵引、悬挂和半悬挂等农业机械，即指拖拉机后面的配套作业机具；按照作业方式，农业机械可分为行走作业和固定作业；按照作业地点，农业机械分为田间作业、场院作业、室内作业、水中或水上作业、道路作业和航空作业。

二、农业机械化

农业机械化是一个与农业机械相对应的概念，有着十分广泛复杂的内容。与农业机械一样，对农业机械化的定义也有着不同的提法，大体上有如下几种定义:“农业机械化是用机器进行农业生产活动的过程”“农业机械化是农业机器的设计、制造、鉴定、推广、使用、维修、管理各环节的总称”“农业机械化包括种植业、养殖业、加工业，贯穿产前、产中、产后服务的全过程”等。以上提法从不同角度阐述了农业机械化的不同特征和不同方面，有助于说明不同的问题，但作为反映农业机械化本质的定义似乎还不够确切。所以，现在理论学术界一般接受的定义是余友泰主编的《农业机械化工程》里提出的：“农业机械化是指用机器逐步代替人畜力进行农业生产的技术改造和经济发展的过程”。2004年颁布的《中华人民共和国农业机械化促进法》对农业机械化的定义是：“农业机械化是指运用先进适用的农业机械装备农业，改善农业生产经营条件，不断提高农业的生产技术水平和经济效益、生态效益的过程。”以上这些定义都包括了农业机械化最主要也是最基本的几个要素：农业、机器、技术、经济、过程。但也有人认为，这些定义还缺少了一个重要的要素，那就是作为农业机械化的行为者——农民（或农民专业合作组织）和政府。农民（或农民专业合作组织）和政府应该既是农业机械化的投资者，也是农业机械化的受益者。

三、湖北农业机械化发展历程

早在1925年，湖北省当阳县河溶镇居民罗惠安从上海购回一台英国造的柴油机用来碾米，办起了“厚丰米机”厂。1926年，枝江县百里洲王家庙庙仙山的王赐谷从上海购回2台日本造的15马力柴油机，带动12台轧花（棉）机，做起了轧花生意。1934年，湖北省国民政府在武昌县办起了金水农场，引进美国福特、道奇、万国、怡和等公司的拖拉机24台、发电机13台、大型收割机1台、大型脱粒机2台以及犁、耙、播种机械。1945年，联合国善后救济总署拨给金水农场5台美国造拖拉机，拨给通山县8台黑里特柴油机和水泵，用于粮食加工和抗旱抽水。1946年联合国善后救济总署在天门县多宝镇罗汉村建“中美合作实验农场”，装备美国制造的拖拉机、联合收割机、脱粒机等共87台。1948年汉川县姚海平购买1台黑里特柴油机及2台水泵在城隍港排渍。

新中国成立后，湖北农机装备产业曾在全国创下辉煌。1958 年 4 月 21 日全国第一台手扶拖拉机在湖北省诞生，全国第一台机耕船、第一台插秧机也相继诞生在湖北。

1966 年 2 月，时任湖北省委书记的王任重同志向毛泽东主席呈送湖北省委《关于逐步实现农业机械化的设想》。毛泽东主席看了湖北省委的《设想》后，非常兴奋，并于 19 日作了批示："任重同志，此件看了，觉得很好，请送少奇同志，请他酌定，是否可以发给各省、市、区党委研究。农业机械化的问题，各省、市、区应当在自力更生的基础上作出一个五年、十年计划，从少数试点，逐步扩大，用二十五年的时间，基本上实现农业机械化"。3 月 12 日，毛主席又给刘少奇同志写信，认为在湖北省"参观那里自力更生办机械化的试点这个意见很好，建议各中央局、各省、市、区党委也派人去湖北共同研究"。1966 年 7 月，第一次全国农业机械化现场会在新洲召开，对推动中国农业机械化的发展起了积极作用。

新中国成立之后，湖北省农机化发展大体上经历了 3 个阶段。

第一个阶段是行政推动阶段（1949—1980 年）。在高度集中的计划经济体制下，农业机械作为重要农业生产资料，实行国家、集体投资，国家、集体所有，国家、集体经营。农业机械的生产计划由国家下达，产品由国家统一调拨，农机产品价格和农机化服务价格由国家统一制订。国家通过行政命令和各种优惠政策，推动农业机械化事业的发展。

第二个阶段是机制转换阶段（1981—2004 年）。随着经济体制改革的不断深入和农村实行家庭联产承包责任制，市场作用在农业机械化发展中逐渐增强，国家用于农业机械化的直接投入逐步减少，农业机械以农民自己购买、自己使用为主。

第三个阶段是国家重点扶持阶段（2005 年至今）。2004 年 11 月 1 日，《中华人民共和国农业机械化促进法》正式实施，农业部实施了一系列配套政策。

从2005年开始，中央和湖北省政府启动购机补贴政策，农民购买农业机械可享受10%～30%的价格补贴，极大地激发了广大农民购买农机的热情，使湖北省农机总动力每年以200万kW的速度递增。2010年7月5日，国务院下发了《关于促进农业机械化和农机工业又好又快发展的意见》，促进农业机械化发展的政策法律法规体系基本建立，标志着我国农业机械化发展进入依法促进的法制轨道。2018年12月29日，国务院印发《关于加快推进农业机械化和农机装备产业转型升级的指导意见》（国发〔2018〕42号），推动农机装备产业向高质量发展转型，推动农业机械化向全程全面高质高效升级。

第二节　湖北水稻生产机械化现状

截至2021年底，湖北省农机装备总动力突破4 700万kW，农机保有量1 293万台（套），农作物耕种收综合机械化率达72.9%，创建国家级主要农作物全程机械化示范县34个、整建制创建示范市3个，推广应用北斗农机终端2.5万台（套），农机服务组织近6 000个。水稻生产耕种收综合机械化率达87.14%，基本实现机械化。

一、水稻生产农业机械装备与应用

1. 耕整环节

湖北省水稻种植耕整地主要采用旱耕水整、水耕水整、旱旋灭茬水整、带水旋耕平整等方式。使用的机具主要有拖拉机、铧式犁（或圆盘犁）、旋耕机、秸秆还田机、水田埋茬耕整机、水田耙（或驱动耙）。2021年，湖北省水稻种植面积3 409万亩，机耕面积3 364万亩，机耕率达98.68%。拖拉机保有量达129.9万台，耕整机保有量达49.37万台。

2. 机播机插环节

在湖北稻作区，机械直播和机械插秧是比较典型的两种模式。近些年，无人机飞播也逐渐崭露头角并且呈逐步扩大趋势。插秧机机具配置主要有：步进式水稻插秧机、乘坐式水稻插秧机、带侧深施肥的乘坐式水稻插秧机、带施药施肥的乘坐式水稻插秧机。带侧深施肥的乘坐式水稻插秧机在插秧作业的同时，可完成在秧苗侧方进行定点定量施肥。带施药施肥的乘坐式水稻插秧机在插秧作业的同时，可完成撒施除草剂和在秧苗的侧方进行定点定量施肥。直播机械机具配置主要有：水稻精量穴直播机、水稻条播机。水稻机械化直播可直接把破胸露白的稻种播入耕整好的水田，比机械化育插秧环节少，成本低。自2015年湖北省开展推进主要农作物生产全程机械化行动以来，全程机械化短板加快补齐，水稻生产全程机械化服务能力明显增强。2021年，湖北省水稻机插（播）面积达2 093万亩、机插（播）率达61.4%。水稻工厂化育秧设备发展迅速，截至2021年底，湖北省水稻工厂化育秧设备达3 000余台（套），水稻插秧机保有量达9.1万台（高速乘坐式插秧机达0.53万台），每年新增水稻插秧机6 000～7 000台；水稻直播机的保有量为0.73万台，每年新增水稻直播机160～200台；植保无人机保有量达2 400余架，更换播撒系统即可实现水稻飞播作业。

机插秧与机直播各有优势，要根据不同水稻区温光资源、茬口安排、水稻品种、用工条件、农民种植习惯等来进行选择。2021年，湖北省机插秧面积1 475万亩，占水稻播种面积的42.1%；机直播面积419万亩，占水稻播种面积的12.0%。

3. 植保环节

湖北省坚持绿色发展导向，以国家农机购置补贴政策和农业试验示范项目为抓手，大力推广增产增效型、环境友好型、资源节约型的绿色高效的农业新技术、新机具，加快促进高效植保等绿色高效机械化技术创新和推广应用，不断提升现代农业发展的质量效益和竞争力。水稻生产植保环节常用的动力喷雾机和喷杆喷雾机、植保无人机已经连续多年纳入湖北省农机购置补贴范围，实行重点补贴和优先补贴。截至2021年底，全省机动喷雾（粉）机达74.2万台，机械植保率达50%左右。其中，植保无人机发展迅猛，全省植保无人机保有量达5 700余架。据湖北省农机购置补贴系统数据统计，每年全省新增高效植保机械2 500余台，其中喷杆喷雾机300余台，植保无人机700余架，高效植保机械呈现出加速发展态势。据湖北省植保部门统计，水稻机械植保年作业面积达15 310万亩左右。植保无人机和自走式喷杆喷雾机等大中型防治药械成为植保的主力军，大大提高了作业效率和农药利用率。湖北省正逐步淘汰以手动背负式机械为代表的大剂量、粗放式、高劳动强度的落后植保技术，积极示范推广远射程宽幅喷雾、精少量施药、静电喷雾、农用植保无人机等一批高效植保机械化技术，并在荆州、荆门、仙桃、黄冈和孝感等粮食主产区得到了较快应用。植保无人机不仅具有作业精准、效率高、节省农药等特点，而且能解决复杂环境下病虫害防控的难题。据荆州、荆门、孝感、天门等地的调查，单架植保无人机每小时作业效率比传统植保机械高30倍以上，每亩作业收费8～10元，比常规植保节约成本10元以上。每亩作业成本为5～6元，亩均作业收益约为4元。

4. 收获环节

湖北省水稻收割机械主要使用的是全喂入联合收割机和半喂入联合收割机。全喂入联合收割机是指割台切割下来的谷物全部进入滚筒脱粒的联合收割机，其缺点是茎秆不完整，动力消耗大，多用于收割稻麦类作物。半喂入联合收割机是指割台切割下来的作物仅穗头部进入滚筒脱粒的联合收割机。这种机型保持了茎秆的完整性，减少了脱粒、清选的功率消耗，主要用于收割水稻。截至2021年底，湖北省稻麦联合收割机保有量约为11万台，2021年全省水稻机收面积达3 324万亩，机收率达97.5%。据湖北省农机购置补贴辅助管理系统数据，近几年全省每年新增稻麦联合收割机5 000～6 000台。

5. 烘干环节

传统的谷物采用晒场晾晒干燥方法，由于晒场场地紧张、干燥效率低下、效果差、易污染、损失大且用工多，与迅速发展的机械化收获水平极不配套。近年来，谷物烘干机需求旺盛，可供选择的机型种类很多，热源、批次处理能力也有所不同。湖北省主要推广使用的是低温循环式干燥机。截至2021年底，湖北省谷物烘干机械保有量达8 348台，谷物年烘干能力达700万t以上，粮食烘干能力为产量的30%左右，略高于全国平均水平。据湖北省农机购置补贴辅助管理系统数据，近年来，湖北省每年新增谷物烘干设备1 200～1 500台。

6. 秸秆处理环节

秸秆粉碎还田和回收打捆是秸秆综合利用的两种主要形式。具有就地取材、省工省力、简便易行、减少污染、增加效益等优点。在湖北省大部分地区开始使用联合收割机、秸秆粉碎机、打捆机开展秸秆的还田处理和回收综合利用，取得了较好的效果。截至2021年底，湖北省秸秆粉碎还田机达35 899台，秸秆捡拾打捆机达4 248台，秸秆还田面积7 000万亩左右，离田面积为300万亩左右。据湖北省农机购置补贴辅助管理系统数据，近几年湖北省每年新增秸秆粉碎还田机1 200～1 500台，新增秸秆捡拾打捆机500～600台。由于秸秆离田成本较高，产出效益比较低，大部分选择收割机直接粉碎还田。湖北省秸秆机械化综合处理与利用水平达90%以上，稻草直接还田面积约为2 600万亩，占水稻面积的70%左右。

二、水稻生产机械化中存在的问题

1. 缺少适宜的农机装备

农机装备产业是农业机械化发展的前提条件，水稻产业的机械化发展同样离不开强大的农机装备作支撑。20世纪90年代之前，湖北省农机制造企业有130余家，位于全国前列。农机企业体制改革后，全省大部分农机企业转产，农机制造业一落千丈，在全国排名靠后。与农机制造大省山东省和江苏省相比，湖北省农机装备制造能力不强，先进适用农机产品缺乏，工业产值和进入国家购机补贴范围的产品总数不及全国的1%，占全省购机补贴产品份额不及30%。农机产品的供给与配置结构不平衡，高品质、大马力、高性能的农业机械供给不充分。农机装备布局不合理、分配不均匀，农机产品中低端产能过剩，高端产品供不应求，一些生产季节、生产领域，想用机械却找不到机械，或者是至少在省内还找不到适宜的机械。广大农民有购买农机的强烈欲望，但国产机械性能却较差，维修频繁，延误工时，而进口机器虽好却价格高。适宜丘陵山区的水稻生产农机化技术装备供给严重不足；再生稻第一季收获前促芽肥施肥机具、再生稻第一季收获减少碾压的收割机机型都比较缺乏等。这些问题严重制约湖北省水稻生产机械化水平的提升。

2. 农机农艺融合不够

随着工业化、城镇化、信息化和农业现代化的发展，农村劳动力的结构和农民劳动观念发生了深刻变化。农业生产进入了机器换人的新时代，农业生产对农机应用的依赖越来越明显。农业机械化程度的高低已直接影响农民的农业生产意愿，影响到农业生产的稳定与发展，农机、农艺日益成为现代农业发展中紧密联系、相互促进的重要因素。农艺是确保国家粮食安全的基础支撑，是加快现代农业建设的决定力量，而农机是农艺的物化和重要载体，二者的技术最终都将相辅相成地运用于农业生产过程中，只有二者有机融合，才能使农业持续、健康、稳定发展。因此，推进水稻生产过程中的农机农艺融合是水稻产业高质量发展的内在要求和必然选择，对加快水稻生产机械化水平提升，促进农业增效、农民增收和保障国家粮食安全具有十分重要的意义。

从湖北水稻生产的实际来看，当前农机农艺融合度较低，且没有引起足够的重视。栽插环节是水稻生产机械化较薄弱的环节。湖北省水稻品种较多，育秧标准难以统一，技术到位率不高，集中育秧与机械插秧不配套，水稻的品种培育、耕作制度、栽植方式不适应农机作业的要求，种植标准化程度偏低，许多农艺措施尚不能通过机械化手段加以实现，农机作业的潜力和优势难以充分发挥，农艺规范化、标准化相对滞后，不能适应机械化作业的要求。如：水稻综合种养新模式的大力推广和种植结构的调整对农机提出了很大的挑战。在虾稻共作模式下，土壤的紧实度显著小于中稻单作模式，机械耕整和机械插秧均出现困难。由于土壤承载能力较差，拖拉机不能下田，插秧机也经常“陷车”，影响插秧质量和速度，对车辆也有损坏。再生稻机械化生产最为突出的问题就是机收碾压对再生的影响问题，机艺融合亟待破解难题。同时，湖北省县级以下的基层农机与农艺仍属于农机与种植两个技术部门，懂农机技术的不懂农艺，懂农艺技术的不懂农机，导致两方面技术很难高度融合。再加上涉及项目、经费、业绩等考核指标，在管理体制上难以分清，两部门之间主动融合的自觉性不高。

3. 区域发展不平衡

我国对农业机械化水平的评价，主要采用农业农村部颁布的农业行业标准《农业机械化水平评价》（NY/T 1408.1—2007）的评价指标体系。按照综合机械化发展水平高低，农业机械化发展划分为初级、中级和高级 3 个阶段。综合机械化水平低于 40%，第一产业从业人员占全社会从业人员比例大于 40% 的发展阶段，为农业机械化初级阶段；综合机械化水平在 40% ～ 70%，第一产业从业人员占全社会从业人员比例在 20% ～ 40% 的发展阶段，为农业机械化中级阶段；综合机械化水平高于 70%，第一产业从业人员比例低于 20% 的发展阶段，为农业机械化高级阶段。截至 2021 年底，湖北省主要农作物耕种收综合机械化水平达到 72.9%，农业机械化实现了从中级阶段到高级阶段的跨越。虽然近年来湖北省主要农作物包括水稻生产机械化取得了快速发展，但是，水稻生产机械化发展过程中存在的不平衡不充分问题日益凸显，主要体现在区域之间和生产环节上。

我国农业机械化的过程，体现了与中国农村社会经济、文化背景相适应的有别于经济发达国家农业机械化的特点，这就是中国农业机械化水平的不平衡性。湖北省也是如此。由于经济发展的不平衡，导致农业的发展水平也不平衡。农业生产水平较高的地方，农民收入增长快，农民对农业机械的购买数量较多，农业机械化发展速度相对较快。总体上呈现出平原地区水稻生产机械化水平推进较快，丘陵山区水稻生产机械化进程缓慢的现象。从区域范围来说，江汉平原和鄂北岗地经济基础条件较好，水稻生产机械化水平也较高。鄂东和鄂西等丘陵山区经济基础条件较差，水稻生产机械化水平也相对较低。从环节上来说，水稻生产综合机械化水平达 87.14%，基本实现机械化，水稻生产的机耕、栽插和收获环节已基本实现机械化，但水稻施肥、高效植保、秸秆处理和粮食烘干，还是推进水稻生产全程机械化道路上的薄弱环节。

4. 组织化程度不高

农业生产全程社会化服务是农业生产力发展到一定水平、农业内部分工细化的必然产物，是推动现代农业发展、推进农业现代化建设的重要引擎，能够降低农业生产成本，提高农业生产效率，提高农业竞争能力，促进农业持续稳定发展。农机服务作为水稻生产全程社会化服务的重要组成部分，包括水稻生产中的机械耕整地、集中育秧、机械插秧、机械施肥、机械打药、机械收割和产品加工等环节。截至 2021 年底，湖北省农机化作业服务组织达到 5 938 个，从业人员约 13.7 万人。其中，经工商部门正式注册的农机合作社达 3 084 家，拥有合作社员 10.2 万人，各类农业机械 13.6 万台（套），资产总额 36 亿元以上，入社经营土地面积 660 余万亩，作业服务面积 4 200 余万亩，其中跨区作业面积 980 余万亩，服务农户数 150 万户，农机合作社承担了全省一半以上的农机作业量。农机维修网点 5 093 家（二级以上综合维修网点 284 家），常年从业人员 3 万人，年维修农业机械超过 180 万台（套）。

同时，农机租赁服务、中介服务、信息服务应运而生。农机租赁业务的出现可以让农民由“直接购买”变为“先租后买”或是“有偿使用”，大幅度减轻一次性投入压力，有望成为缓解农民购机难、贷款难的一条出路。中介服务、信息服务组织为"有机户"和"需机户"牵线搭桥，实现农机装备资源最大化共享，使双方获利共赢。湖北省组织开发了手机 App"互联网 +"农机服务方式，提供作业信息、维修信息、融资信息等服务，为农机户和广大农民搭建信息交流平台，促进作业农机的有序流动和提供快捷便利服务。同时，将智能化、信息化技术应用到农机生产过程中，通过建设北斗农机信息化智能管理系统，为机械化播种、插秧、植保、收割、深松、秸秆还田等农机作业提供数据采集、自动化处理、统计分析、精细化管理等服务。目前，湖北省已有近 50 个试点县安装了北斗信息终端，实现了深松作业在线监测或农机作业工况监测，真正做到了作业数据真实准确。

从总体上讲，湖北省农机服务组织化程度还不高，在发展过程中还存在一些问题。一是用地难。"机闲无处放"仍是农机专业合作社面临的最大困难，大型农机具只得在露天宿营，对农机具的保养也极为不利，加速了机具折旧。虽然国家在农机服务用地上出台了相关政策，但用地审批门槛高，办理手续复杂，政策仍然难以落实。二是成本控制难。农业生产资料上涨过快，尤其是农机作业用油成本太高。每年"三秋"作业高峰期时普遍存在"柴油荒"，每用 1L 柴油时还需交纳 1 元多的燃油税，导致农机专业合作社作业用油成本居高不下，不利于秋收。三是融资难。农机合作社的机具、厂房、流转土地等固定资产不能实行抵押贷款，贷款难已成为制约合作社发展的主要问题。四是运行管理不够规范。按照《农民专业合作社法》的有关规定，湖北省 80% 左右的农机合作社在章程制定、股金设置、民主管理、利益分配等方面还不够规范，农机合作社重组建、轻管理，管理制度和运作机制不健全，经济效益低下，发展后劲乏力。五是小型农机具缺乏。湖北省正处于中国地势第二级阶梯向第三级阶梯的过渡地带，地貌类型多样，山地、丘陵和岗地、平原湖区各占湖北省总面积的 56%、24% 和 20%，有"七山二水一分田"之称。大部分地方种植田块小且分散，机耕道标准不高，不适应大型机械作业，需要农机研发部门及时开发小型农机具，满足水稻生产需求。

第三节　推进水稻生产全程机械化

一、强化农业机械装备研发

搭建由农业农村部门、农机装备制造企业、高等院校、相关科研机构、基层农机推广部门和新型农业经营主体共同参与的农机科技创新平台。一是在研发小型特色农机上下功夫。开展水稻生产中的播种环节、丘陵山区水稻生产机械化等湖北市场短缺、农业生产急需、农民急用的农机产品研发，着力解决湖北省部分地区、部分环节“无机可用”的问题。二是在提高国产农机质量上下功夫。不断改进材料和工艺，力求农机农艺有机融合，农艺适宜农机，农机体现农艺，切实减少故障率和返修率。三是在研发高端智能农机装备上下功夫。启动实施“湖北智能农机装备”重点专项，瞄准国际前沿，开展智能农机装备研发，着力抢占智能农机装备研发制造制高点，力争实现“弯道超车”。如：耕整环节，水田拖拉机加装北斗自动导航装置，实现水田耕整无人驾驶。插秧环节，水稻插秧机上加装北斗自动导航装置，实现插秧机无人驾驶，节省人工。设立农机装备研发专项，着力提升企业和科研院所科技创新能力，聚焦薄弱环节和智能农机装备的科技研发。设立农机装备产业发展基金，着力扶持一批规模效益好、成长潜力大的高新农机装备企业，调整优化农机装备产业布局，加快培育具有核心竞争力的农机装备企业集群。设立推广应用专项，针对湖北省水稻生产急需的机具和高端智能农机装备实施省级财政补贴，促进科研加快转化，着力解决农机合作社“无机可用”和“有机买不起”的问题。

二、提高农机服务组织化程度

发展和完善农机合作社是提高农机服务组织化程度的重要途径。一是要准确把握发展原则。各地经济发展和地域差异较大，自然禀赋和水稻种植生产条件也各不相同，因此在建设农机合作社时，要因地制宜，在充分尊重农民意愿的基础上，鼓励农民多渠道、多形式组建农机合作社，不能强求统一模式、一个标准，应大中小型并举、专业与综合结合。坚持增数量扩规模、提质量促规范，大力培育扶持以农机合作社为重点的农机社会化服务组织，继续在购机补贴、作业补贴等项目与资金上优先安排；指导开展跨区作业、订单作业，提高作业效率和经营效益；充分考虑各地水稻产业发展实际和农机手的意愿，引导和推动农机合作社、农机大户、家庭农场和农机中介组织等各类从事水稻生产的农机社会化服务组织共同发展，使各类服务组织和谐共存，有序竞争，共同提高。二是因地制宜制定区域农机社会化服务组织建设发展规划，明确发展目标、工作重点和具体任务，提出切实可行的资金保障、示范推广、人员培训和指导服务等政策措施，把各项工作落到实处。三是持续加大扶持力度。完善农机补贴政策，丰富新型农机补贴内容。改革燃油补贴政策，直接将燃油补贴给从事水稻生产社会化服务的农机专业合作社；协调有关部门落实年度建设用地指标，优先保障农机专业合作社等新型农业经营主体生产建设用地，并按规定减免相关税费政策。引导金融机构对农机合作社开展农机融资租赁业务和信贷担保服务，对权属清晰的大型农机装备实施抵押贷款。对农机合作社开展信贷投放，灵活开放各类信贷产品和提供个性化融资方案。对购买水稻生产的大型农机装备贷款进行贴息，对大中型拖拉机、联合收割机等重点农机产品实施政策性保险。

三、强化农业机械化基础建设

全面落实国务院《关于促进农业机械化和农机工业又好又快发展的意

见》，各级财政要在支农资金中安排一定比例，用于支持从事水稻等粮食生产农机专业合作社的机库棚、能力提升和信息网络等方面的基础设施建设。加快农村机耕道和田间道路达标建设，提高农机通勤率。大力开展高标准农田建设，推动农田地块小并大、短并长、陡变平、弯变直和互联互通，切实改善农机通行和作业条件。重点支持丘陵山区开展农田“宜机化”改造，拓展农业机械运行空间，为水稻生产全程机械化创造有利条件。

四、强化农机人才队伍建设

建立健全新型农业工程人才培养体系。加强农业工程学科建设，支持高等院校设置相关专业，招收农业工程类专业学生，扩大硕士、博士研究生培养规模，培养面向农业机械化和农机装备产业转型升级的创新型、应用型、复合型人才。支持湖北省高校开展农业机械化专业卓越工程师教育培养计划，支持高校面向农业机械化和农机装备产业转型升级开展新工科研究与实践。推动实施产教融合、校企合作，支持优势农机企业与学校共建共享工程创新基地、实践基地、实训基地。引导农机专业的学生留在农机领域就业。加强农机化实用人才培养。依托新型职业农民培育政策，大力培养农机大户和农机合作社带头人，大力遴选和培养农机生产及使用一线“土专家”，大力开展基层农机人员知识更新培训。支持社会资本和职业教育资源发展农机职业教育，支持“政企联动”开展农机职业技能鉴定、新型职业农民培训和技能竞赛活动，支持“企社对接”联合培养农机操作、维修等实用技能型人才。支持农机生产企业专业技术人员的岗位培训，培养“农机工匠”。支持乡贤、大中专毕业生、退伍军人、科技人员等返乡下乡创办领办新型农机服务组织。提高农机化管理干部业务能力。针对机构改革后农机系统管理人员调整较大的实际情况，举办农机管理、鉴定、推广、安全监理等岗位人员及业务培训班，努力打造新时代农机化管理干部队伍。

参考文献

人民日报客户端湖北频道 , 2021. 湖北秸秆综合利用率 93%, 超过全国清洁生产方案标准 [EB/OL]. https://sdxw.iqilu.com/share/YS0yMS04NTQ4MDUx.html.
中国农业农村部 , 2019. 湖北水稻机收率达 98.8% [EB/OL]. http://www.moa.gov.cn/xw/qg/201901/t20190115_6166631.htm.
梁建 , 陈聪 , 曹光乔 , 2014. 农机农艺融合理论方法与实现途径研究 [J]. 中国农机化学报 , 35(3): 1–3, 7.
陆为农 , 2006. 水稻生产机械化发展现状及展望 [J]. 农机科技推广 (2): 13–15, 22.
罗锡文 , 2010. 我国水稻生产机械化现状与发展思路 [J]. 农机科技推广 , 98(12): 10–12.
马国岩 , 2016. 水稻生产机械化发展现状与对策 [J]. 农机使用与维修 , 237(5): 20–22.
马旭 , 李泽华 , 梁仲维 , 等 , 2014. 我国水稻栽植机械化研究现状与发展趋势 [J]. 现代农业装备 , 208(1): 30–36, 40.
欧阳钦 , 1960. 关于农业机械化的几个问题 [M]. 哈尔滨: 黑龙江人民出版社 .
乔瑞 , 金鑫 , 1999. 农业产业化的核心 : 全面系统的社会化服务 [J]. 学习论坛 (5):3.
王有根 , 曾德才 , 2006. 湖北省水稻机械化插秧现状及发展对策 [J]. 湖北农机化 (1): 9–11.
张曲 , 肖丽萍 , 蔡金平 , 等 , 2012. 我国水稻生产机械化发展现状 [J]. 中国农机化 , 243(5):11–14, 18.

第九章　转型期湖北水稻生产政策选择

农业的发展离不开政策，离不开科技，离不开投入。特别是事关粮食安全的水稻生产，更离不开政策的指引和支持。现阶段，水稻生产正处于转型时期，面临许多风险和挑战，需要持续加大政策支持保护力度，减轻转型带来的震荡。随着农业补贴日益逼近加入 WTO 时承诺的“黄箱”补贴上限，“黄箱”政策的空间越来越小，调整和完善水稻生产支持保护政策结构显得尤为紧迫和重要。要围绕改善水稻生产条件，提高水稻生产服务水平，降低生产成本，增加种粮效益，保护种粮积极性，不断完善传统的生产补贴政策，积极开拓支持水稻生产的新的政策路径。

第一节　湖北水稻生产政策分析

一、以外延扩充提升产量的政策引导（1949—1977 年）

新中国成立伊始，国民经济体系残缺不全，工业相对落后，在综合当时面临的国际国内形势、比较社会主义国家和资本主义国家工业化道路差别后，我国决定优先发展工业尤其是重工业，建立完整的工业体系。“一五”计划实施前的 1952 年，我国农业产值占比接近六成，工业产值占比仅为二成。在“短缺经济”的宏观背景下，为切实解决粮食总量不足的问题，我国长期把保障农产品尤其是粮食产量增长作为农业发展的一个核心战略目标，国家和省级层面各种农业发展政策和改革措施大多是围绕“保增产”目标而展开的。到改革开放之前，政策对湖北水稻生产的影响大约可以分为3个阶段。

第一阶段（1949—1955年）：提高复种指数的政策导向

因地制宜提高复种指数，是扩大农作物播种面积，挖掘耕地利用潜力和提高总产量的有效途径。我国复种指数的变化主要发生在20世纪50年代以后。20世纪50年代以前，长江以北地区多是单作，南部才有双季作物种植。1949年，湖北省水稻种植面积2 670万亩（其中双季稻163.8万亩），单产157.3kg/亩，主要以单季稻为主，复种指数极低。通过综合政策引导以及开垦荒湖、推广良种、扩大中稻面积和蓄留秧荪等措施，湖北水稻种植面积和复种指数稳步提升。1955年，湖北水稻种植面积2 952万亩（其中双季稻315.9万亩），单产208.4kg/亩，比1949年种植面积增加282.1万亩、单产增加51.1kg/亩。通过充分发挥政策的诱导作用，双季稻面积增加152.1万亩，对水稻总面积增加的贡献率超过五成。

第二阶段（1956—1969年）：综合技术改革的政策导向

1956年，湖北省因时制宜提出“五改”工程（单季稻改双季稻、籼稻改粳稻、旱地改水田、高秆改矮秆、坡地改梯田），除“坡地改梯田”外，其余四项均是针对水稻的重要改革。正是这一年，湖北省水稻种植面积首次突破3 000万亩。这一时期，湖北粳稻生产得到快速发展，一季晚粳常年保持150万亩左右，初步形成了“早晚连作”的种植制度。1964年，为了更好地指导稻田耕作制度改革，湖北省明确了双季稻的临界区域，划定了北纬31°30'以南，山区海拔高度450m以下为双季稻适宜区。将早稻播期限定在3月25日左右，晚稻以9月20日前划定为安全齐穗期。1969年，湖北省双季稻种植面积已经超过1 500万亩，占全省水稻种植面积的四成以上。

第三阶段（1970—1977年）：大力发展双季稻的政策导向

随着粮食需求刚性增长和“五改”工程持续助力，湖北水稻面积尤其是双季稻面积上升很快。1970 年，早稻面积达到 1 049 万亩，双季晚稻面积达到 1 100 万亩，双季稻种植面积首次超过单季稻。1974 年，全省水稻种植面积达 4 646 万亩，为新中国成立以来最高水平。由于过度强调双季稻对增加粮食产量的作用，双季稻种植区域突破了北纬 31°30' 的临界线，当时全省 72 个县市除保康、五峰、建始、房县等 12 个山区县以外，其余 60 个县都有双季稻种植。1977 年，湖北省水稻总产达 1 211 万 t，较 1949 年增加 791.1 万 t，增幅达 188.4%。

二、以改革开放激发活力的政策引导（1978—2003 年）

1978 年 12 月，党的十一届三中全会宣布中国开始实行“对内改革、对外开放”的改革开放政策。对内改革先从农村开始，1978 年 11 月，安徽省凤阳县小岗村实行“分田到户，自负盈亏”的家庭联产承包责任制，拉开了中国对内改革的大幕。1982 年 1 月 1 日，中国共产党历史上第一个关于农村工作的“一号文件”正式出台，明确指出包产到户、包干到户都是社会主义集体经济的生产责任制。1978—1984 年，湖北省大力推行联产承包责任制，在水稻生产上，重点开展“恢复中稻生产、扩大稻麦两熟，发展三熟、缩减一熟”的耕作制度改革，对全省双季稻生产布局进行了合理调整。1984 年，早稻种植面积较 1977 年减少 530.4 万亩，中稻面积较 1977 年增加 408.7 万亩。1985 年，国家将粮棉油蔬菜等主要农副产品的统购统派制度逐步改革为以计划为主与市场调节为辅的制度，政府对农产品大幅度提价，调动了广大农户的生产经营积极性。湖北省水稻生产面积从 1985 年的 3 808 万亩增加至 1990 年的 3 955 万亩。20 世纪 90 年代，由于城乡互动式的农业农村现代化，不可避免地造成了城市对乡村土地资源的占用。湖北省水稻生产面积从 1991 年的 3 934 万亩，跌至 1995 年的 3 613 万亩。1996 年起，国家实行了强有力的耕地总量动态平衡的宏观调控政策，在全国范围内基本遏制了耕地连续多年快速减少的势头，湖北省水稻面积稳定在 3 800 万亩左右（早稻 1 100 万亩左右、中稻 1 500 万亩左右、双季晚稻 1 200 万亩左右）。随着生产面积的稳定和单产水平的提升，湖北省在重点调整水稻品质结构和主攻单产基础上，提出“发展中优高产品种，压缩低质品种，稳定水稻生产”策略，水稻品种结构和品质布局进一步优化。

三、以综合补贴调动生产积极性的政策引导（2004 年至今）

2004 年，国务院开始实行减征或免征农业税的惠农政策，先后设立农作物良种补贴、农资综合补贴和种粮直接补贴三项补贴，农业政策由原来的“改革推进型”转向“补贴推进型”，对降低种粮成本、提高农户种粮积极性、确保粮食稳产高产、增加农民收入发挥了重要作用。2004—2015 年，湖北粮食生产实现了“十二连增”，水稻生产面积常年稳定在 3 200 万亩左右，总产稳定提升至 350 亿斤左右。2016 年 4 月，《湖北省水稻产业提升计划（2016—2020 年）》出台。受粮食生产结构优化调整以及稻谷市场价格杠杆调节影响，湖北省一季中稻的种植比例进一步扩大。与“十三五”初期相比，“十三五”末早稻种植面积、总产分别减少 153.4 万亩、9.92 亿斤，双季晚稻种植面积、总产分别减少 81.16 万亩、7.74 亿斤，中稻（含一季晚稻）种植面积、总产分别增加 117.71 万亩、15.63 亿斤。

第二节　转型期湖北水稻生产政策调整

政策是为生产服务的。水稻生产发生转型，支持水稻生产的政策也应相应地调整。水稻生产转型期政策变化趋势，应该是推动“藏粮于地”“藏粮于技”战略的实施，支持水稻生产科技创新，立足于水稻产业发展，强化以系统挖潜实现“减劳降耗、节本增效”政策导向指引，把内部生产节约与外部环境友好、水稻增产与农民增收有机结合起来，促进水稻生产可持续发展。

一、需要把握的政策基点

在湖北水稻生产转型过程中，必须充分认识和正确处理"粮食安全"与"种粮效益""生产者支持"与"一般服务支持"、产区与销区的关系，把握好政策基点。

正确处理"粮食安全"与"种粮效益"的关系。"粮食安全"和"种粮效益"实质上是粮食生产问题上，政府社会效率与农民私人效率之间的矛盾："粮食安全"主要是政府在粮食生产上追求"保障粮食有效供给"的社会效率；"种粮效益"主要是生产者在粮食生产上追求"实现收入最大增长"的私人效率。现阶段，农民种粮比较效益低，是影响粮食生产和粮食安全的重要因素之一。政府一方面在制度安排上，要保证农民种粮有利可图，能够获取正常的收益，保护农民的种粮积极性。只有农民愿意种粮，才能实现"粮食安全"和"种粮效益"的统一。另一方面，通过种粮补贴，增加农民种粮收入；通过政策引导，鼓励农民调整种植制度，平衡种粮收入。我国水稻生产第一大县的监利市，当地种粮大户 2021 年种植中稻（不计人工成本）亩均纯收益 490 元左右，去除土地流转资金基本鲜有盈利。值得欣喜的是，农民实行"稻虾共作""稻菇轮作""稻鸭蛙共生"等，增加了单位面积稻田效益，既稳定了水稻生产，又提高了粮农的收入。

正确处理"生产者支持"与"一般服务支持"的关系。2019 年 7 月 1 日，经济合作与发展组织（OECD）发布报告《2019 年农业政策监测与评估》，为所有经合组织国家、欧盟以及主要新兴经济体提供了政府对农业支持的最新估计。这些新兴经济体包括巴西、中国、哥伦比亚、哥斯达黎加、哈萨克斯坦、菲律宾、俄罗斯、南非、乌克兰、越南、印度和阿根廷。相关学者多以经济合作与发展组织（OECD) 政策评估体系中的"生产者支持"和"一般服务支持"指标，开展发达国家农业绿色发展支持政策分析。"生产者支持"是指从消费者和纳税人转移给农业生产者的投入，其表现形式为价格支持和直接补贴。“一般服务支持”是指政府财政对整个农业部门实施公共性服务政策而引起的价值转移，即非针对农民和特定农产品的补贴。它包括农业知识与创新、检验检疫与病虫害防控、农业基础设施建设与维护、农产品营销、农产品公共储备等。从现阶段我国支持水稻生产的政策来看，对“生产者支持”要继续坚持，不能放松，同时，要加大“一般服务支持”力度，扩充政策支持内容。

正确处理产区与销区的关系。20世纪90年代，我国开始对粮食主产区、产销平衡区、粮食主销区进行划分。2001年，国务院将粮食主产区、主销区以外的其他区域称为“粮食产销大体平衡的省（区）”。2003年，国家财政部依据1999—2001年年平均产量250亿斤以上、人均占有量650斤以上、商品库存量85亿斤3个指标，对粮食生产主产区进行了调整，划定“黑龙江（含省农垦总局）、吉林、辽宁（不含大连）、内蒙古、河北、河南、山东（不含青岛）、江苏、安徽、四川、湖南、湖北、江西”13个省（自治区）为粮食主产区。随着经济社会发展、城镇化快速推进，我国粮食生产布局发生了根本性变化。南方的粮食生产地位不断下降，北方的粮食生产地位不断上升，粮食生产区域越来越集中，主产区与主销区之间的区域供给不平衡问题日益突出。粮食主产区长期以来面临着“环境约束趋紧”“粮财倒挂”等现实问题，日益影响地方政府与农民的种粮积极性。近些年，粮食主产区省份中粮食净调出的省份数量不断减少，粮食产销平衡区省份粮食自给率明显下降，主销区和产销平衡区粮食净调入量明显增加。湖北省是全国主要水稻生产区，水稻生产正处于转型时期，各种矛盾叠加，生产困难集中，需要国家在充分发挥市场配置资源决定性作用的同时，协调主产区、主销区和产销平衡区的利益关系，给予相应的政策支持，提高综合生产能力，为国家粮食平衡供给作出贡献。

二、调整支持水稻生产的政策结构

增加水稻生产的政策支持总量。对水稻生产实行支持保护是确保国家粮食安全的客观需要。湖北水稻生产转型过程中，多目标要求、多因素约束，以及生产方式转变和技术创新的实现，更需要政策支持保护。要持续加大财政支持力度，提高支持总量，扩大政策覆盖面，不断改善水稻生产条件，降低生产成本，增加农民收入。用足用活我国加入 WTO 时承诺的“黄箱”补贴上限政策，充分利用“绿箱”政策，调整和完善支持保护水稻生产的政策结构。

优化“生产者支持”结构。湖北省对水稻生产者支持，主要采取的是保护价收购和直接综合补贴政策。要借鉴发达国家的经验，积极推进生产者价格支持转向生产者直接补贴。在直接补贴方式上，加速挂钩补贴转向挂钩补贴与脱钩补贴相结合，就是稳定与水稻种植面积、产量、农资（机）投入品、经营收入等挂钩的补贴，增加改善农业基础条件、农作物保险、环境质量激励、环境友好型、绿色生产、保护生物多样性、农业多功能性等脱钩的补贴，促进水稻生产转型，增强水稻生产应对市场风险的能力。

加强“一般服务支持”。当前，在湖北省水稻生产“一般服务支持”中，主要开展了高产田建设和水稻干燥储藏的支持，可利用的政策空间还比较大。要进一步拓展对水稻生产技术创新与推广、水稻绿色综合防控、稻米安全管理的财政投入。加强对稻米产后的运输、检测、包装等支持，帮助生产者提高产品质量，创立市场品牌，增加生产者收入。大力培育水稻生产新型经营主体，支持新型经营主体提升组织生产的能力和开展社会化服务的能力，促进小农户与大市场的有效衔接。开展农业环境整治，改善稻田生态环境，实现水稻生产可持续发展。

第三节　转型期湖北水稻生产政策措施

一、完善现有财政补贴政策

按照《财政部、农业部关于全面推开农业“三项补贴”改革工作的通知》

（财农〔2016〕26号）要求，各地补贴对象、补贴方式、补贴标准存在一定程度差异。一些地方简单地与面积挂钩，将补贴发给了土地承包户，而不是发给了生产经营户。要将直接补贴发放到水稻生产者上，鼓励探索种粮补贴发放与耕地保护责任落实挂钩机制，对弃耕撂荒的、从事畜禽饲养、设施农业、坑塘水面和水面养殖等非农作物生产改变用途的耕地以及其他农用地，坚决核实不予补贴，引导各地政府部门和水稻从业者自觉保持提升耕地地力。

在农机购置补贴上，湖北省选取了绝大多数适宜本省补贴机具品目，但适宜转型期湖北水稻新型生产机具（工厂化育秧设施、再生稻专用收割机、水稻侧深施肥一体机、适度规模大田直播机具、中小型烘干机械等）还有所欠缺。要划片扩大农机购置补贴资金规模，适当提高水稻生产机械化水平低的关键环节机械，以及轻简化栽培机械补贴比例，调动农户购机用机积极性。积极探讨实施农机作业补贴、农田建设补贴、项目实施补贴及更多农机化发展的补贴形式。针对标准化大棚设施、烘干房、复式智能多功能机具等新型农业设施，探索新的补贴途径。

目前，我国对符合规定的常规产粮大县、超级产粮大县、制种大县、商品粮大省、“优质粮食工程”等省市给予奖励。常规产粮大县奖励资金作为财力补助，由县级人民政府统筹安排，其他方面的奖励资金按照规定用于扶持粮油产业发展。湖北省作为全国13个粮食主产区之一，水稻生产发挥了举足轻重的作用。要将产粮大县奖励资金更多用于稻米产业开发、水稻绿色高质高效示范补贴、水稻生产社会化服务补贴、水稻秸秆综合利用试点等方面。

二、提升金融支持容量和质效

优先支持水稻生产信贷投放。完善“政银保企”现场对接等工作机制，积极引导金融机构实行差别化信贷政策，对涉农贷款和普惠型涉农贷款单列信贷计划。充分发挥财政补贴撬动作用，对于水稻生产新型经营主体直接用于粮食生产的贷款，可统筹安排地方财政资金予以贴息。积极发挥政策性、商业性金融机构优势，加大央行低息政策资金向产粮大县等地方倾斜信贷资源。要全力满足种子、耕地“两个要害”资金需求。鼓励农业银行适度降低放款条件，提供优惠利率，向种子相关企业投放种子收购贷款；鼓励开发性、政策性金融机构加强对高标准农田规划建设和农村土地整治等中长期信贷支持力度。要开辟重大项目融资绿色通道。探索开展水稻生产新型经营主体“首贷扩面提标”行动，鼓励金融机构对涉农龙头企业、现代农业产业示范园、农业现代化先行区等单列信贷计划。加快普及水稻生产小农户普惠信用贷款。引导政府性融资担保公司提高“三农”业务占比，通过财政支持金融机构大力开展金融富农行动，创新推广小额普惠信用贷款特色产品。探索推进“整村授信”，进一步加大低收入人口小额信贷投放力度。

大力支持水稻生产保险。改善农业保险补贴机制，进一步降低县级农业保险补贴的负担。我国农业保险的补贴体系包括中央、省、地（市）、县四级，这种补贴体系虽然是基于我国的国情和历史，但在实践中存在诸多问题，主要是许多县级政府没有足够的财力保障县级财政补贴到位或无法足额到位。财政部在2015年下发的《关于加大对产粮大县“三大粮食作物”农业保险支持力度的通知》中也出台了一些措施，减少产粮大县的补贴负担，但是这些政策许多还是“指导性”的，强制力不够；2021年中央一号文件明确提出，支持有条件的省份降低产粮大县“三大粮食作物（水稻、小麦、玉米）”农业保险保费县级补贴比例。这些政策都需要尽快落实并结合实际不断完善。扩大农业保险服务范围，满足农户多元化的风险保障需求。加快推进水稻生产成本保险和种植收益保险的试点工作，加大气象指数保险、“保险＋期货”、价格保险等险种的创新力度。同时鼓励企业探索开展“农业保险＋”模式，协同保障农业保险赔付资金与政府救灾资金正常运转，积极推进农业保险与担保、信贷、期货（权）等金融工具联动。健全水稻生产保险巨灾风险分散机制。2020年12月，中国农业再保险股份有限公司成立，结束了我国农业保险只能购买商业再保险的尴尬局面。但是公司成立时间较短，还需要在实践中逐渐发展和完善。面对水稻生产巨灾，仅依靠企业层级的大灾风险准备金和再保险来应对巨额赔付还远远不够。还需加强顶层设计，逐步构建农户、直保市场、再保险市场、地方与中央等“全链条”“多层次”的水稻生产保险大灾风险分散机制。

三、改善水稻生产条件

加大对农业基础设施建设和维护的支持。围绕水稻生产方便、降低生产成本、提高防灾减灾能力，开展农村水、电、路项目和水稻收储减损项目建设。高标准实施高产田建设和中低产田改造项目，提升耕地产能。建立健全建管结合的投入体制，避免重建轻管，克服项目建成后无管理办法、无维护费预算的现象发生。

加大对水稻生产技术创新的投入。重点围绕种子和耕地“两个要害”问题，组织相关力量，设立科技专项，连续给予投入，突破技术难关。支持适应水稻生产转型的技术创新和推广，逐步构建新的水稻生产技术体系。

加大对水稻生产检验检疫与病虫害防控的支持。支持水稻生产绿色综合防控技术体系和水稻质量安全检测与监管体系建设，加强水稻生产检验检疫和投入品管理，强化重金属污染防控，确保水稻生产安全和稻米质量安全。

加大对稻米营销和推广的支持。完善以市场为主导的水稻流通体制，组织多形式的水稻交易平台和商务活动，及时提供水稻贸易信息，引导农民制订优质品计划、市场拓展计划，开展稻米品牌创建和宣传，提升产品价值，拓展水稻生产收益。

四、培育新型经营主体

因地制宜培育一批主导产业突出、原料基地共建、资源要素共享、联农带农紧密的省级示范农业产业化联合体，构建现代农业产业体系、生产体系、经营体系，引导小农户和现代农业发展有机衔接。大力开展高素质农民教育，重点实施新型主体经营者、农村实用人才带头人、返乡入乡创新创业者、专业种养加能手等培养计划，培养有文化、懂技术、善经营、会管理的高素质农民。积极支持县级以上水稻生产合作社示范社（联合社）和示范家庭农场改善生产条件、应用先进技术，提升轻简化、机械化、规模化生产能力，建设烘干、包装等产地初加工设施，提高产品质量和市场竞争力。

五、实施“楚稻振兴”工程

按照“统筹兼顾、突出重点，因地制宜、分类指导，主攻单产、改善品质，一控两减、绿色生产”目标，靶向选育环境友好型、资源节约型和品质优良型高产优质水稻品种，恢复发展一批具有地方特色、风味品质好、市场有需求的传统品种，更新淘汰一批产量低、品质差、竞争力弱的老旧品种。加大优质专用品种定向推广，在水稻主产区开展优质水稻品种展示示范，引导农民和新型经营主体选用优良种子，促进水稻规模化种植和订单化生产。深度参与“院士专家科技服务行动”（协同推广）和省级现代农业产业技术体系项目，集成示范推广“五节三高”（节种、节肥、节药、节水、节工，高产、高质、高效）绿色生产技术，优化、细化、简化稻田综合种养、水稻“一种两收”等一系列成熟“水稻+”高质高效模式。加快探索具有区域特色的技术路径、技术模式、配套机具、操作规程及标准规范，推动关键技术产业化应用。积极服务国家级粮食安全产业带建设，支持引导龙头企业、专业服务公司、联合社等，开展机耕机插、机防机收、烘干仓储、加工销售等全程社会化服务。试点推行“按图索稻”订单生产模式，打造一批优质食味稻、加工专用稻生产基地或“稻乡小镇”，培育更多细分领域“小巨人”“隐形冠军”和行业龙头企业，发挥“连接产业链上下游、带动两端（生产端、消费端）发展壮大”的扁担效应，提升质量效益。构建“以区域公用品牌为主导，区域品牌、企业品牌、产品品牌”三位一体的发展模式。引导支持行业协会加快构建湖北水稻品牌总体形象标识，举办“好米知食节”公益推介、市县长推介等品牌专场活动。加大“潜江虾稻”“洪湖再生稻”“孝感籼糯”等区域公用品牌共建共享共推力度，培育“瓦仓大米”“枝江玛瑙米”“国宝桥米”等特色突出的稻米品牌。

参考文献

2021 年中央一号文件《中共中央关于制定国民经济和社会发展第十四个五年规划和二〇三五年远景目标的建议》.

财办农〔2021〕11 号《财政部办公厅、农业农村部办公厅关于进一步做好耕地地力保护补贴工作的通知》.

财金〔2015〕184 号《关于加大对产粮大县三大粮食作物农业保险支持力度的通知》.

曹鹏，段志红，黄见良，等，2021. 湖北省水稻全产业链发展路径探析 [J]. 作物研究，35(5): 450–453.

曹鹏，张建设，蔡鑫，等，2020. 湖北省水稻产业高质量发展的调研与思考 [J]. 湖北农业科学，59(20): 221–223, 228.

崔海霞，向华，宗义湘，2019. 潜在环境影响视角的美国、欧盟农业支持政策演进分析——基于 OECD 农业政策评估系统 [J]. 农业经济问题，480(12): 129–142.

郭军，彭超，2022. 完善中国粮食产销区域平衡机制策论 [J]. 中国经济报告，133(5): 18–27.

郭琰，肖琴，周振亚，2023. 农业支持水平及政策结构变动的国际比较分析——基于欧盟、美国、澳大利亚、日本、韩国、巴西、中国的考察 [J]. 世界农业，525(1): 17–29.

龙方，曾福生，2007. 论粮食产区与销区关系的协调 [J]. 农业现代化研究，162(5): 520–524.

吕火明，李晓，吕新业，2015. 粮食安全，科技创新与现代农业：中国农业技术经济学会 2014 年学术研讨会论文集 [M]. 北京：中国农业科学技术出版社 .

农经发〔2017〕9 号《关于促进农业产业化联合体发展的指导意见》.

史晋川，黄良浩，2011. 总需求结构调整与经济发展方式转变 [J]. 经济理论与经济管理，241(1): 33–49.

苏府办〔2022〕125 号《苏州市政府办公室印发关于贯彻落实省政府办公厅进一步加强财政金融支持农业农村发展的若干政策措施的实施意见的通知》.

孙强，关银龙，谢宇，2019. 农业一般服务支持政策的国际比较分析 [J]. 经济问题，476(4): 106–116.

庹国柱，谢小亮，2015. 中国农业保险研究 [M]. 北京：中国农业出版社.

王颖，魏佳朔，高鸣，2021. 构建“绿箱”补贴政策体系的国外经验与优化对策 [J]. 世界农业，510(10): 23–32, 127.

杨敏丽，涂志强，2009. 完善农机购置补贴政策、推动农机化又好又快发展 [J]. 当代农机，224(3): 21–22.

中华人民共和国农业农村部 2020《农业农村部 财政部发布 2020 年重点强农惠农政策》.

后 记

为破解我国粮食生产面临的科学技术难题，确保粮食丰产增效协同发展，不断提高粮食劳动生产率、资源利用率和国际竞争力，保障国家粮食安全，按照“藏粮于地、藏粮于技”战略和“稳粮增收、提质增效、创新驱动”的总要求，国家重点研发计划设立了“粮食丰产增效科技创新”重点专项。

“十三五”时期，我们科研团队主持了“粮食丰产增效科技创新”重点专项“湖北省单双季稻混作区周年机械化丰产增效技术集成与示范（2018YFD0301300）”项目。在项目实施过程中，大家深深感受到湖北水稻生产出现了一些新的阶段性变化。无论是生产理念、生产目标、生产方式，还是劳动力投入、投入品使用和外部生产条件，都在发生变化。这些变化，带来了水稻生产形态和功能的变化；这些变化，意味着水稻生产正在发生转型；这些变化，预示着新一轮耕作革命的来临。农业管理部门、农业科技工作者、农民等正积极顺应这些变化，推动水稻生产及时转型升级。

为充分认识和应对湖北水稻生产转型，项目组立足鄂中北、江汉平原和鄂东南三大水稻生态区，一边开展国家重点研发计划项目的研究工作，一边开展水稻生产转型考察。深入分析湖北水稻生产历史，走访新型经营主体，考察生产主体的行为变化，剖析推动水稻生产转型的动力，明晰水稻生产转型的特征，认清水稻生产转型带来的挑战，寻找水稻生产转型的应对之策。

本书凝聚了“湖北省单双季稻混作区周年机械化丰产增效技术集成与示范（2018YFD0301300）”项目组成员的心血和汗水。

应当感谢项目组全体成员，特别是程建平、张运波、王洪波、王林松、江洋、王飞、曹鹏、李阳、杨晓龙、张作林等，一方面承担项目科研任务，另一方面开展水稻生产转型研究，并承担了本书的资料收集整理与部分写作任务。

应当感谢湖北省农业科学院植保土肥研究所范先鹏研究员、杨利研究员、刘冬碧研究员、夏颖研究员。他们为本书提供了湖北省农业面源污染防控、土壤重金属污染防控的相关资料。

应当感谢扬州大学张洪程院士、中国农业科学院作物科学研究所赵明研究员、河南师范大学李春喜教授、华中农业大学彭少兵教授、南京农业大学丁艳峰教授、湖南农业大学周清明教授、湖北省农业科学院焦春海研究员、湖北省农业科学院游艾青研究员、中国水稻研究所章秀福研究员、江西省农业科学院谢金水研究员、华中农业大学曹凑贵教授、华中农业大学黄见良教授、湖南杂交水稻研究中心张玉烛研究员、安徽省农业科学院吴文革研究员、广东省农业科学院钟旭华研究员。他们在项目团队开展国家重点研发计划项目科研和水稻生产转型研究过程中，给予了许多有益的指导。

感谢中国农业科学技术出版社的同志们，特别是张国锋责任编辑。他们为本书的顺利出版，做了大量卓有成效的工作。